贵州民族大学学术文库

贵州民族大学学术著作出版基金资助

U0305836

贵州

石漠化地区退化森林土壤生物学质量评价

彭 艳◎著

西南交通大学出版社

·成　都·

图书在版编目（CIP）数据

贵州石漠化地区退化森林土壤生物学质量评价 / 彭艳著. —成都：西南交通大学出版社，2015.5
ISBN 978-7-5643-3902-9

Ⅰ. ①贵… Ⅱ. ①彭… Ⅲ. ①森林 – 沙漠化 – 土壤生物学 – 研究 – 贵州省 Ⅳ. ①P942.730.73

中国版本图书馆 CIP 数据核字（2015）第 107957 号

贵州石漠化地区退化森林土壤生物学质量评价

彭艳 著

责 任 编 辑	牛 君	
特 邀 编 辑	张雲健	
封 面 设 计	墨创文化	
出 版 发 行	西南交通大学出版社 （四川省成都市金牛区交大路 146 号）	
发 行 部 电 话	028-87600564　028-87600533	
邮 政 编 码	610031	
网　　　　址	http://www.xnjdcbs.com	
印　　　刷	成都蓉军广告印务有限责任公司	
成 品 尺 寸	148 mm×210 mm	
印　　　张	6.75	
字　　　数	203 千	
版　　　次	2015 年 5 月第 1 版	
印　　　次	2015 年 5 月第 1 次	
书　　　号	ISBN 978-7-5643-3902-9	
定　　　价	28.00 元	

前　言

　　森林生态系统是以乔木为主体的生物群落（包括植物、动物、微生物等）及非生物环境（光、热、水、气、土壤等）综合组成的生态系统。全球森林生态系统退化主要表现为森林面积减少，林分结构单一，林地土壤质量变差，初级生产力降低，生物多样性减少，生态服务功能下降等。《京都议定书》第三条第四款将森林退化、森林管理、植被破坏及恢复定义为人类直接、间接活动引起的一系列问题。虽然我国通过砍伐森林补种、重建植被等措施使森林面积有一定增加，但人工林、次生林生态系统的林分质量和生态服务功能却在不断下降。

　　生态恢复是研究生态整合性恢复和管理过程的科学，现已成为世界各国的研究热点，不同土地利用及覆被类型下土壤质量演变与生态系统功能、过程的变化也是当前地球科学研究的热点和焦点。土壤质量关键指标的筛选在国际上一直存在争论，目前，生物参数作为土壤质量的评价指标，越来越受重视。土壤生物学活性直接影响一个生态系统的稳定性与生产力，可能成为系统稳定性的早期预警和敏感指标，因此，在估计自然土壤整体功能及其变化时，任何关键指标都必须涉及生物和生物化学指标，主要包括土壤微生物量、土壤呼吸和土壤酶活性，从而延伸到 N 矿化、微生物多样性和土壤生物功能种群等（张平究，2006）。

　　本书依托中国科学院知识创新工程重要方向项目"岩溶山地土壤与植被关联退化过程及其调控对策研究"（KZCX2-YW-306-3）、国家重点基础研究发展计划项目"西南喀斯特山地石漠化与适应性生态系统调控"（2006CB403205）及中国科学院创新团队国际合作伙伴计划，将文献资料收集、野外调查取样与室内分析相结合，运用土壤学、微生物生态学及恢复生态学的基本理论，对石漠化地区退化森林的表层土壤（0~10 cm）的养分赋存状态、生物学活性变化、气态 N 流失差异进行研究，以掌握石漠化土壤恢复过程中的生物学机理，并基于生物学活性对不同次生植被类型下的土壤质量进行综合评价，为贵州石漠化治理、退耕还林、森林生态系统恢复与重建提供科学依据。本书是在作者的博士论文基础上进一步修改和完善后出版的，其创新点主要表现在以下方面：一是以生物地球化学过程及其对石漠化的响应为科学核心，系统地对不同植被类型下土壤生物学活性变化进行了研究；二是以能灵敏反应土壤质量变化的生物学参数作为评价指标，构建了研究区域土壤质量综合评价的指标体系。

在此，作者非常感谢中国科学院地球化学研究所李心清研究员的指导和鼓励，王世杰研究员、洪业汤研究员、陈训教授、冯新斌研究员、尹观教授及何腾兵教授的宝贵建议，真诚感谢父母彭益贤先生和何春华女士、爱人朱宇的帮助与理解，以及贵州民族大学学术著作出版基金的大力支持。

限于编者的水平和数据资料，书中不足之处在所难免，恳请读者不吝指正。

作　者
2014 年 8 月

目　录

1 绪 论

1.1 研究缘起与意义

1.1.1 研究缘起

"喀斯特"（Karst）原是南斯拉夫西北部伊斯特拉半岛（现属克罗地亚）上的石灰岩高原地名，那里有典型的岩溶地貌。全世界岩溶分布面积近 2 200 万平方千米，约占陆地面积的 15%，集中连片的喀斯特主要分布在欧洲中南部、北美东部和中国西南地区。与欧洲和北美的喀斯特生态地质环境相比，中国西南地区的喀斯特以其连续分布面积最大、发育类型最齐全、生态环境最脆弱而著称于世，其碳酸盐类岩石出露面积 42.6 万平方千米，主要分布在滇、黔、桂三省区，其中以贵州省的分布面积最大，为 13 万平方千米，广西和云南分别为 8.9 万平方千米和 6.1 万平方千米（王世杰，2003）。一方面，与我国其他湿润的非喀斯特地区相比，西南喀斯特地区生态环境具有脆弱性、易伤性的特点，生态破坏后难以恢复；另一方面，环境容量小、农业生产力低导致西南喀斯特地区人口密度大大超过了合理人口载容量，自然环境与社会经济活动之间长期处于严重不协调状态（魏媛，等，2008）。典型的脆弱环境、复杂的人地生态系统，加上不合理的人为活动影响，致使喀斯特生态环境严重恶化，出现了一系列重大的生态环境问题，其中最为显著的是生态环境遭破坏后形成的石漠化。根据遥感调查，我国现有石漠化面积 12.96 万平方千米，并以 2 500 km^2/a 的速度不断扩展，广西境内有

27%的石灰岩（达2.4万平方千米）发生石漠化（李生，等，2009），并以每年3%～6%的速度递增，云南石漠化面积已达2.1万平方千米，湖南达1.7万平方千米，川渝地区达3.6万平方千米，最近20年湘西北地区石漠化面积增加了近300 km²（李阳兵，等，2004）。

贵州是全国喀斯特石漠化最为严重的省份之一，全省95%的县（市）都有喀斯特分布（杨成，等，2007），其石漠化扩张速度并不比中国北方沙漠化慢（王世杰，2003）。贵州东部、东北部赤水一带和南、北盘江河谷区等岩溶不发育的地区石漠化程度较轻，大多数地区无明显石漠化或无石漠化，轻度以上石漠化土地占比多数小于10%，生态环境相对较好；贵州西部、西南、南部及中部部分地区是喀斯特发育地区，石漠化程序较为严重，轻度以上石漠化土地占比多数大于30%；贵州中部和北部部分地区的石漠化程度介于两者之间，轻度以上石漠化土地面积占比多在10%～30%；此外，中山和丘陵区也是石漠化的高发区（熊康宁，等，2002）（表1-1）。

表1-1　1986—2000年贵州省不同石漠化类型在岩溶区的面积和占比

石漠化类型		无石漠化	潜在石漠化	轻度石漠化	中度石漠化	强度石漠化	极强度石漠化	已石漠化
1986年	面积/km²	38 527.42	32 089.88	23 618.23	13 001.4	2 191.04	19.13	38 829.8
	占比/%	35.2	29.32	21.58	11.88	2	0.02	35.48
1995年	面积/km²	38 260.66	32 623.36	22 950.51	13 378.79	2 214.66	19.12	38 563.08
	占比/%	34.96	29.81	20.97	12.22	2.02	0.02	35.23
2000年	面积/km²	38 725.33	31 818.67	23 695.15	12 985.68	2 203.02	19.26	38 903.11
	占比/%	35.38	29.07	21.65	11.86	2.01	0.02	35.55

注：已石漠化土地=轻度以上石漠化土地（轻度＋中度＋强度＋极强度）
（引自白晓永，等，2009）。

根据贵州省第二次石漠化监测数据，2011 年贵州省石漠化面积 30 238 km²，占全省土地面积的 17.16%，比 2005 年减少 2 932 km²，减少了 8.82%；与表 1-1 中数据相比，2011 年贵州省石漠化面积比 2000 年减少 8 665 km²，减少了 22.27%。其中，轻度石漠化面积 10 649 km²，比 2000 年减少了 13 046 km²；中度石漠化面积 15 341 km²，比 2000 年减少了 2 355 km²；强度石漠化面积 3 750 km²，比 2000 年增加了 1 547 km²；极强度石漠化面积 497 km²，比 2000 年增加了 478 km²。石漠化面积出现净减少，生态环境向良性方向发展，其成因是多方面的，其中林草植被恢复是石漠化好转的主要原因，贡献率占 62.1%；与 2005 年相比，植被状况好转，乔木型、灌木型植被面积增加 15 720 km²，植被综合覆盖度提高 5.61%。从总体上看，我省石漠化面积减少，程度减轻，石漠化扩展趋势得到了遏制，但局部恶化现象仍然存在，石漠化防治形势依然十分严峻。自然环境因素和人类活动因素的叠加是导致石漠化发生的主要原因，作为喀斯特地区土壤侵蚀的终极状态，石漠化正逐渐演变为继北方沙漠化和黄土高原地区水土流失之后的中国第三大土地退化问题（吴秀芹，等，2005）。喀斯特石漠化导致生态环境退化，水土流失严重，土地生产力降低，甚至危及人类生存，已经成为制约中国西南地区可持续发展最严重的生态环境问题。

喀斯特森林植被破坏后从草灌丛→藤刺灌丛→萌生灌丛→疏林→森林的自然演替一般需要 30 年左右，有研究认为，在保留原群落的繁殖体（土壤种子库未被破坏）的前提下，退化森林群落从草本恢复至灌丛阶段约需 20 年，至乔木林阶段约需 50 年，至顶级群落则需 80 年左右（李涛，等，2006）。贵州地处中国西南部高原山地，属于亚热带湿润季风气候，雨量充沛、雨热同季，古代几乎全为森林覆盖，种子植物以陆生植物为主，形成了茂密的乔木、灌木和草木，直到唐代，贵州仍保持大面积原始状态，明代虽有部分民族以农耕为主，但对生态环境的影响有限，清代开始大规模开发土地，土地利用成为经济发展中心，毁林开荒、垦田增加，由此导致生态环境失衡（许桂香，2010）；20 世纪 50

年代前，贵州省森林覆盖率达 45% 左右，50 年代初仍在 30% 以上，近 50 年来大幅度降低，1987 年达最低水平 12.6%，90 年代人们开始重视森林植被的保护和恢复，2000 年的统计数据显示，贵州林地面积回升到 30.8%（万军，2003），以上这些数据综合反映了人类活动引起的以森林为标志的生态环境的变迁。

　　潜在石漠化是指基岩裸露（石砾含量）30% 以上，土壤侵蚀不明显，植被覆盖较好（林木覆盖度 50% 以上或以草本为主的植被综合覆盖度 70% 以上），或已梯化的土地，如遇不合理的人为干扰，极有可能演变为石漠化土地。贵州省山高坡陡，岩溶地貌极为发育，生态脆弱性和敏感性极高，已经恢复的林草植被生态稳定性差，稍有人为干扰和自然灾害就可能造成逆转。2011 年的石漠化监测数据显示，近几年我省相继发生凝冻、干旱等自然灾害，导致 1 978 km^2 潜在石漠化土地恶化为石漠化土地。贵阳市区曾经森林茂密，原生植被为常绿阔叶林，区域环境变异（如区域气候梯度、土壤类型和地形变异）及自然扰动使得市区原生植被已全部被破坏，现有植被均为次生植被或人工林，区内土壤以石漠化的形式严重退化，2011 年贵阳市石漠化土地面积为 1 871 km^2，潜在石漠化土地达 2 323 km^2。喀斯特次生林是脆弱的喀斯特生态系统的组成部分，Quesada 等人认为未来的森林可能就是次生林（Quesada，M.，et al.，2009）。

　　区域石漠化和森林植被退化这两个缘由，使笔者意识到：次生林或人工林已成为该区域主要森林植被类型，是石漠化地区生态修复的重要手段。如何合理地因地制宜、植树造林？由此往前推一步，笔者产生了这样一些疑问：贵阳现有的次生林或人工林、人类活动对区域生态系统养分循环的贡献如何？如何从生态过程动力学尤其是营养物质的生态过程和微观机理来认识退化生态系统的修复？不同植物种对土壤养分循环、营养元素流失、土壤生态恢复程度的贡献有何差异？有没有更合适的贵阳石漠化地区森林植被恢复模式……这些问题不由引发笔者深深地思考。

1.1.2 研究意义

生态恢复是研究生态整合性恢复和管理过程的科学,现已成为世界各国的研究热点,不同土地利用及覆被类型下土壤质量演变与生态系统功能、过程的变化也是当前地球科学研究的热点和焦点。LUCC(Land-Use and Land-Cover Change,土地利用/土地覆盖变化)是 IGBP 与 IHDP(全球变化人文计划)两大国际项目合作进行的纲领性交叉科学研究课题,其目的在于揭示人类赖以生存的地球环境系统与人类日益发展的生产系统(农业化、工业化/城市化等)之间相互作用的基本过程。国际上 1996 年通过的 LUCC 研究计划以 5 个中心问题为导向:第一,近 300 年来人类利用导致土地覆盖的变化情况;第二,人类对土地的利用发生变化的主要原因;第三,土地利用的变化在今后 50 年如何改变土地覆盖;第四,人类和生物物理的直接驱动力对特定类型土地利用可持续发展的影响;第五,全球气候变化及生物地球化学变化与土地利用与覆盖之间的相互影响。

在全球气候变化层面上,LUCC 通过改变大气中气体组成及化学性质和过程来影响大气质量。大气中的许多气体都会随土地利用/土地覆盖的变化而变化,如森林退化、土地荒漠化、土壤碳氧化、农田灌溉等均会使大气中 CO_2、CH_4 和 N_2O 浓度增加,改变温室气体的全球收支平衡,使温室效应加剧。LUCC 导致下垫面性质改变,如地表反射率、粗糙度、水文循环及植被覆盖比例变化等,引起温度、湿度、风速及降水发生变化,从而使气候发生变化。植被覆盖与否也对大气水分含量和对流活动影响甚大:植被覆盖的陆面使进入大气的水汽总量增加,大小尺度的对流活动加强,区域降水增多;而无植被覆盖的陆面则情况相反。

在生态系统层面上,石灰岩生态系统是一种脆弱的退化生态系统,其植被大多为各种原生性、次生性以及逆行演替退化而成的派生群落。贵州石漠化的形成过程中与之相对应的典型植物群落大体上分为次生乔林或乔灌林、灌木林和藤刺灌丛、稀灌草坡和草坡及稀疏草丛（张平究，2006）。植被的恢复和生态重建具有非常重要的意义，森林植被的恢复可改善土壤特性（Jia，C. M.，et al.，2005），是改善喀斯特地区农业生产环境的根本、解决喀斯特环境问题的重要前提和关键（侯满福，等，2006）。然而，林地面积的增加并不表示其生态功能的同步恢复，贵州省森林年龄结构中幼龄林占60%，近熟林占7%，中龄林占28%，过熟林占0.5%，成熟林仅占2.8%（万军，2003）；森林结构中人工林比例超过70%，具有树龄小、树种结构单一、抗干扰力差、生态功能有限等特点。

在LUCC层面，土地利用变化通过土地覆盖改变而直接影响生物多样性，改变水分循环特征和生态系统的结构，进而在不同的尺度上对生态系统的功能产生影响。生物地球化学反馈通过生态系统结构变化使地面与大气之间温室气体和气溶胶交换而导致气候变化。前工业时期，大规模森林砍伐和农业开发造成土地覆盖变化、植物生物量减少、土壤有机质分解加速，大量的CO_2释放到大气中；农业扩张（水稻种植）、城市化过程、森林退化、生物量的燃烧等是CH_4的直接来源，湿地和草地也是CH_4的重要来源；N_2O能导致臭氧层耗损，加速全球变暖（Maier，R. M.，et al.，2004），是一种增温潜势比CO_2高300倍的温室气体，主要来源于土壤环境，在反硝化过程中产生（Schlesinger，W. H.，1997）。农业生产活动导致化肥使用量快速增长，如热带亚热带地区，N_2O释放量大大提高，土壤氮循环速率加快。森林植被类型是影响土壤化学和生物化学性质的主要因素，植被类型与土壤养分动态变化有直接的关系，即不同植被覆盖或不同退化程度土壤具有不同的养分循环特征（刘丛强，等，2009）。不同林分能通过遮阴状况、生物固氮、凋落物产量和质量（如C/N、木质素/N）、林下养分条件、土壤动物、微生物量及活性等因素对土壤养分循环过程产生影响，不同树种凋落物质量之间的差异能够改变土壤N元素的转化率，土壤中有效氮的差异会影响植物生长状况，具有高N元素转化率的植物反过来会产生"优质"凋落物，进一步提高土壤N元素供应，从而形成良性循环。

在微观层面，土壤质量关键指标的筛选在国际上一直存在着争论，目前普遍认为土壤营养元素赋存状态和生物学活性是石漠化地区生态恢复的关键土壤质量指标，生物参数作为土壤质量的评价指标越来越受到重视。土壤生物学活性是土壤修复的指示因子，近10多年来，我国对森林生态系统有了一定的研究，但对其自然恢复的生态学过程仍然缺乏系统性的研究，营养物质的生态过程、生态系统生产力形成及与之相关的退化生态过程、演替发展过程、自我恢复过程、生态调控过程和生态恢复过程（王世杰，等，2007）仍有待进一步认识，对各种干扰方式对植被恢复过程的影响及不同植被恢复的生态效果研究较少（李阳兵，等，2004），对不同恢复阶段土壤微生物特性的变化研究也相对较少，研究主要集中于植被恢复不同阶段土壤微生物数量和微生物生物量的变化（魏媛，等，2008）。土壤生物学活性直接影响一个生态系统的稳定性与生产力，有可能成为系统稳定性的早期预警和敏感指标，因此，在估计自然土壤整体功能及其变化时，任何关键指标均必须涉及生物和生物化学指标，主要包括土壤微生物量、土壤呼吸和土壤酶活性，从而延伸到N矿化、微生物多样性和土壤生物功能种群等（张平究，2006）。土壤生物学活性的研究对人工林和次生植被的枯落物分解、养分循环机理及植物吸收在生物响应区有着重要作用，能为石灰岩生态系统土壤生态修复提供理论依据和数据支持。

由此可见，植被的恢复在石漠化地区生态系统重建中有着不可替代的作用，引入生物学活性从微观机理上研究石漠化地区不同植被覆盖和土地利用对气候、生态系统、区域景观等的影响，能为区域生态系统的优化调控理论提供数据支持。

毫无疑问，土地利用是一把双刃剑，森林、湖泊转变为农田给人类提供了更多的生存空间，但也对生态系统的稳定造成了一定的负面作用。我们必须尽力维持二者的平衡，因为土地利用和覆被变化有很大的脆弱性和自我毁灭性。笔者希望，通过对贵州石漠化地区不同植被类型下的土壤生物学活性进行研究、分析，并基于生物学参数对不同覆被下土壤质量进行分析、比较，找到适合于研究区域的植被恢复模式，构建研究区域的土壤生态系统生物学指标体系，为石漠化地区生态系统的恢复、重建提供技术参考，也为民族地区可持续发展贡献一分绵薄之力。

创新是学术的真正意义所在，本研究的学术创新主要体现在以下三个方面：一是以生物地球化学过程及其对石漠化的影响为科学核心，系统地对不同植被类型下土壤生物学活性变化进行了研究，以期了解西南石漠化地区退化土壤生态修复过程中的生物学机理及养分流失差异，为植被恢复和重建提供科学依据；二是革新了前人在研究西南石漠化退化土壤恢复机理时通常将土壤理化性质作为土壤质量评价指标的常态，以更能灵敏反应土壤质量变化的生物学参数作为评价指标，构建了研究区域土壤质量综合评价指标体系，对退化土壤进行土壤质量综合评价；三是避免了传统的氯仿熏蒸-提取法需要大量土壤样本和微生物量中 C、N 的校正因子变化较大的弊端，采用氯仿熏蒸-$UV_{280 nm}$ 提取法测定微生物生物量，并基于 UV 的回归方程以分析微生物量中的 C、N，其测定结果与贵州其他喀斯特地区微生物量的变化范围相符，该方法在喀斯特地区具有适用性，能快速、准确、有效地测定石漠化地区土壤微生物生物量。

1.2　研究内容与研究目标

1.2.1　研究内容

1.2.1.1　土壤养分循环

生物从土壤中吸收无机养分，生物残体归还土壤形成有机质，土壤微生物分解有机质释放无机养分，养分再次被生物吸收，由此形成了土壤圈的养分循环。土壤养分循环是土壤圈物质循环的重要组成部分，也是陆地生态系统中维持生物生命周期的必要条件。土壤营养元素含量状况在植物生长和发育过程中起着重要作用，受到众多研究者的关注（杨成，等，2007），养分是生态系统生命支持体系的物质基础，其构成了喀斯特生态系统生物地球化学物质循环的主要内容，在喀斯特生态系统的形成、演化和发展过程中具有根本地位。水分驱动机理和养分循环特征是理解喀斯特生态系统功能，尤其是生态系统生产力及其稳定性的关键基础。了解喀斯特生态系统演化中养分循环的生物地球化学特征及其对生态系统类型演变、生产力与生态功能的影响机制，是认识喀斯特生态系统退化及恢复的基础和关键（刘丛强，等，2009）。

　　森林养分循环研究工作始于1876年德国人Ebermayer对森林凋落物方面的研究，20世纪70年代后期森林土壤中N转化与循环的研究才得到重视）（陈伏生，等，2004）。喀斯特生态环境脆弱，对其土壤养分的研究可为其他生态系统的保护提供参考。与地带性黄壤相比，非地带性石灰土中有机碳更为丰富，因石灰土中含有大量的钙、镁离子，能与土壤有机质形成较稳定的腐殖质钙（刘丛强，等，2009），喀斯特石灰土中的有机质绝大部分集中在土体表层，表层以下土壤有机质含量迅速降低（赵中秋，等，2006）。土壤氮以有机态氮为主，土壤有机质平衡是氮元素平衡的基础。氮（N）以无机盐形式被吸收，以氧化还原形式循环，是研究最清楚却最复杂的无机循环（周德庆，2002）。土壤N通常占森林生态系统N贮量的90%以上（陈伏生，等，2004），被认为是大多数森林生态系统植物生长的限制性养分（Tischner, R., et al. 2007）。Currie等人（Currie, W. S., et al., 2004）认为矿质土能在较长时间内为植物N库和土壤O层提供稳定的N源，并提供森林生长需要的大部分N，部分调节了生态系统C库的改变。森林生态系统中土壤N的转化和循环主要分为三大部分，即N输入、转化和输出，N的输入、输出包括大气N沉降、施肥、枯落物的归还、生物固氮、氨化、硝化、反硝化、植物吸收、NH_3挥发和淋溶淋失等过程和途径；N的转化主要包括氨化作用、硝化作用和N矿化-固持作用。植物较易吸收利用土壤有效N（$NH_4^+ - N$和$NO_3^- - N$），有效N的含量决定于土壤矿化作用、生物固持作用、氨的固定和释放、硝化作用、植物吸收及NH_3挥发、反硝化作用和淋失等（朱兆良，1992），可利用 N 限制了 N 利用的有效性，直接影响陆地生态系统净初级生产力（Yu, Z. Y., et al., 2008）。大多数森林生态系统植物可利用 N 来源于氨化作用（有机 N 转化为 $NH_4^+ - N$），其生产力可用 N 矿化速率评价（Vernimmen, R. R. E., et al, 2007）。N 的生物地球化学循环研究已成为目前土壤科学、环境科学和生态科学研究的热点，不同植被类型下土壤的 N 循环研究对认识喀斯特生态系统的演化具有重要意义（刘丛强，等，2009）。

1.2.1.2　土壤微生物活性

在土壤生态系统中,土壤微生物作为有机质降解和转化的动力，是植物养分的重要源和库：其一，土壤微生物可同化土壤有机质，固定无机养分，形成微生物生物量，由于微生物自身含有一定数量的 C、N 等营养元素，可以看作是一个有效养分储备库；其二，土壤微生物参与土壤中营养元素循环过程和土壤物质的矿化过程（张平究,2006）。土壤微生物的一个基本功能是岩屑输入和土壤有机质积累中关键养分的处理与恢复（Caldwell, B. A., 2005），能够反映土壤肥力和养分循环状态，在 C 循环中发挥着巨大的作用。大气中低含量（0.032%）的 CO_2 只够绿色植物和微生物进行约 20 年光合作用之需，微生物的降解、呼吸作用、发酵作用或甲烷形成作用，使光合作用形成的有机物"CH_2O"尽快分解、矿化和释放，光自养微生物将 CO_2 固定为有机物，有机物可被异养微生物消耗或呼吸；而呼吸作用的最终产物是 CO_2 和新的细胞质（Maier, R. M., et al., 2004），土壤呼吸作用引起的 CO_2 流失量超过 70% 来源于土壤微生物呼吸（Buchmann, N., 2000），使生物圈处于良好的 C 平衡中（周德庆，2002）。森林土壤功能微生物分布的研究、土壤微生物量的研究、土壤微生物多样性的深入研究以及土壤微生物生态研究方法的改进与提高成为当前和今后土壤微生物生态学研究的重点(徐文煦,等，2009）。土壤微生物生物量在土壤功能中有着重要作用，与微生物个体数量指标相比，更能反映微生物在土壤中的实际含量和作用潜力，具有更加灵敏、准确的优点（赵先丽，等，2006），被广泛地应用于指示土壤质量变化。

1.2.1.3 土壤气态氮流失

土壤中气态氮流失包括一氧化二氮、一氧化氮、氮气的释放以及氨挥发等，前者主要发生在硝化作用和反硝化作用阶段，氨挥发主要发生在铵盐向氨的转化过程中，受 pH 和土壤深度影响。反硝化作用包括硝酸根→亚硝酸根→一氧化氮的生物过程和一氧化氮→氧化亚氮→氮气的化学反应过程，虽然一氧化氮和氧化亚氮可以被还原成更期望产生的氮气，但在此过程中，二者仍然按一定比例脱离土壤，造成土壤氮元素养分以气态方式流失。发生反硝化作用的主要是一些厌氧性微生物，尤其是异养型细菌，但不同森林类型土壤异养微生物数量和类群组成极为不同，即使同一森林类型，土壤不同，小生境异养微生物数量和类群组成也有极显著差异（庄铁诚，等，1997）。人造林对 C、N 含量、呼吸作用以及反硝化作用有强烈影响，有研究表明，反硝化作用随人造林年龄的增加而增高（Schimann, H., et al., 2007），不同植被类型下反硝化种群均表现为对环境改变的缓冲（Boyle, S. A., et al., 2006）。与未受干扰的灰岩森林相比，喀斯特次生森林的有机质和微生物 N 含量较少，土壤初期的恢复过程较快，但应建立长期恢复情况研究（Templer, P. H., et al., 2005）。不同植被在不同季节的反硝化能力也不一样（Bastviken, S. K., et al., 2005），不同季节的土壤水分含量对反硝化作用也有重要影响（Luo, J, et al., 1999）。对西南石漠化地区由土壤反硝化作用引起的气态 N 元素流失研究较少，不同植被、不同季节气态 N 的流失特征及其制约机制并不清楚。

1.2.1.4 土壤酶活性

土壤微生物是土壤养分的存储库和植物生长可利用养分的重要来源，其基本功能之一是岩屑输入和土壤有机质积累中关键养分的处理和恢复，这通常需要胞外酶作用于复杂有机组分，使其成为可同化的组分（如糖、氨基酸和 NH_4^+ 等）（Caldwell，B.A.，2005）。土壤微生物活性促进了土壤中有利于植物生长的养分的活化，同时矿化和固定了土壤有机污染物和无机污染物，因而在土壤生物地球化学循环中占有重要地位，在分析土壤微生物活性时，除考虑土壤呼吸作用外，土壤酶活性分析是其中最主要的分析项目（张平究，2006）。土壤酶参与了土壤环境中的一切生物化学过程，与有机物分解、营养物质循环、能量转移、环境质量等密切相关，因而土壤酶活性对生态系统功能有很大的影响。土壤酶主要来源于植物和土壤微生物，是存在于土壤中的生物催化剂，有机物和有机残体的最初转化及其转变成为腐殖质是在土壤微生物和土壤酶的作用下进行的，这两个重要的土壤生物化学过程，连同腐殖质进一步的酶促转化，决定了土壤的演变进程和土壤保持稳定的动态平衡状态（陈恩凤，1990），近年来，国内外生态学工作者在对生态系统过程和功能的研究中也对土壤酶给予了高度重视（万忠梅，等，2008）。土壤酶活性是土壤群落可利用养分和新陈代谢条件的直接表述，几乎所有的土壤生态系统退化都伴随不同程度的土壤酶活性变化，酶活性成为必不可少的土壤生物学活性指标（张平究，2006）。土壤酶活性的重要作用并不仅仅是测定土壤的生物学活性，还在于其能比土壤有机质更早地反映出管理措施和环境因子引起的土壤生物学和生物化学的变化（孙波，等，1997），土壤酶活性的环境敏感性可被用作土壤变化的早期预警生物指标。

土壤酶活性反映了土壤生物化学过程的强度，根据土壤酶的反应原理，可将其分为氧化还原酶和水解酶两大类，通过氧化还原酶的活性可以解释土壤中腐殖质再合成的强度，通过水解酶活性可以解释土壤有机物的分解强度。Nannipieri 认为如能反映微生物活性的变化，土壤酶活性可作为一个微生物学功能多样性指数使用（Nannipieri，P.，et al.，2002）。理论上许多酶都需要测定，但实际中通常测定具有代表性的控制关键代谢途径的酶活性，因微生物功能多样性包含许多不同的代谢过程。氧化还原酶中的过氧化氢酶既能促进土壤中的过氧化氢对各种化合物的氧化，又能消除由于过氧化氢的积累对土壤的毒害作用；水解酶中的脲酶能促进土壤中的尿素水解成氨、二氧化碳和水，淀粉酶能使淀粉水解成糊精和麦芽糖，与蔗糖酶相似，参与了自然界的 C 循环。但特定的酶活性指标还不具有普遍适用性，需要进行特定的综合分析，验证其有效性，弄清其与土壤过程的关系，寻找一个灵敏的、普遍实用性的综合指标是土壤酶活性的主要研究方向（张平究，2006）。

1.2.2 研究目标

本书依托中国科学院知识创新工程重要方向项目"岩溶山地土壤与植被关联退化过程及其调控对策研究"（KZCX2-YW-306-3）、国家重点基础研究发展计划项目"西南喀斯特山地石漠化与适应性生态系统调控"（2006CB403205）及中国科学院创新团队国际合作伙伴计划，将文献资料收集、野外调查取样与室内分析相结合，运用土壤学、微生物生态学及恢复生态学的基本理论，对贵州石灰质土壤的表层土壤（0~10 cm）的养分赋存状态、生物学活性变化、气态 N 流失差异进行研究，以掌握石漠化土壤恢复过程中的生物学机理，并对不同植被类型下的土壤质量进行综合评价，为贵州石漠化治理、退耕还林、森林生态系统恢复与重建提供科学依据。

1.3 研究区域与方法

1.3.1 研究区域概况

贵阳地处 106°27′20″E ~ 107°03′00″E ， 26°11′00″N ~ 26°54′20″N，位于云贵高原东斜坡地带，地形、地貌走势大致呈东西向

延展，地势起伏较大，南北高，中部低，海拔 506～1 762 m，喀斯特地貌大量分布，主要的土壤类型有石灰土、黄壤和水稻土等，属于中亚热带季风湿润区，年均温 15.3 ℃，夏无酷暑，冬无严寒。年均降雨量 1 200 mm，主要集中在夏季，降雨日数较多，相对湿度较大。贵阳市辖六区一市三县，城区面积约 495 km²，现有林地面积 18.3 万公顷，森林覆盖率为 31.7%。

　　贵阳市区域内原生植被已全部被破坏，现有植被均为次生植被，2008 年 3～5 月对贵阳城郊喀斯特生态环境特征进行了实地考察，确定地处贵阳城区东部的龙洞堡为研究区域，其土壤以石灰土和黄壤为主，主要分布灰岩及白云岩，土层浅薄，样地的部分区域土层厚度小于 10 cm，岩石碎屑高于 50%（如本研究中的灌丛和女贞林）；植被主要有马尾松（*Pinus massoniana*）、女贞（*Ligustrum lucidum*）、小果蔷薇（*Rosa cymosa*）、野桐（*Mallotus tenuifolius*）、蒿类（*Artemisia* sp.）、五节芒（*Miscanthus floridulus*）、黄茅（*Heteropogon contortus*）、百合（*Lilium brownii.*）、荩草（*Arthraxon hispidus*）、蕨类（*Pteridium Scop.*）等。光照充足，无霜期长（270～280 d），雨量充沛，图 1-1 给出了龙洞堡近 10 月平均气温和降雨量，年均降雨量 1 100 mm，夏季（6～8 月）的降水量约 550 mm，70% 以上的降雨集中在 4～

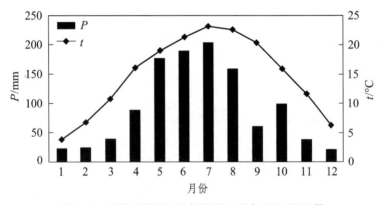

图 1-1　采样区域近 10 年的月平均气温和降雨量
（引自程建中，等，2010）

8 月，其中夜间降雨量占总降雨量的 70%，空气湿度大，四季无风沙；年均温约 14.8 ℃，其中最热月（7 月）下旬平均气温 23.2 ℃，最冷月（1 月）上旬平均气温 3.9 ℃。

1.3.2 采样方法

根据贵州省 2011 年第二次石漠化监测数据，与 2005 年相比，陡坡耕种导致 296 km² 潜在石漠化土地转化为石漠化土地，发生在 25° 以上坡耕地的石漠化面积增加了 77 km²。为反映碳酸盐岩上次生林自发演替的不同阶段土壤养分、生物学活性差异，我们以植被类型、土壤类型、土地利用方式和人为干扰等因素为指标，在贵阳龙洞堡设置了三个次生林作为调查样地，具体为：灌丛（火烧扰动后自然生长 0~1 年）、人工林（包括人工女贞纯林和马尾松纯林，分别简称女贞林、马尾松林，其树龄分别约为 10 年和 30 年，平均树高分别在 1.5 m 和 13 m 左右，马尾松林的平均胸径为 15 m），进行研究，为方便描述在本书中将灌丛和人工林合称为次生林；同时选择农田（玉米地，按当地典型农业活动方式套种玉米和大豆）作为对比样地。其中，农田样地约 10 m × 3 m，次生林样地约 10 m × 10 m，均为同一母质地势相对平坦的石灰土样地，详见表 1-2。

农田在 2 月和 4 月分别受翻耕和施底肥扰动，5 月中旬施尿素和复合肥，总施肥量约为尿素 40 kg/亩（1 亩 = 666.7 m²），复合肥 45 kg/亩。灌丛位于坡度约为 20° 的山腰平地，2008 年 2 月曾受火烧扰动。女贞林在 2009 年 3 月受到翻耕扰动。2008 年 6 月至 2009 年 5 月每月一次按 S 形法在每个样地内随机布设 4 个点，采集 0~10 cm 的表层土壤，并混合成一个土壤样品。土壤装入自封袋保存，带回实验室后拣出树根、石头等，立即过筛，充分混匀后于 4 ℃ 保存。

表 1-2　实验样地概况

样地	地理位置	主要植被
农田	26°32′43.4″N，106° 46′43.5″E	玉米（ *Zea mays* L. ）、豆类（ beans ）
灌丛	26° 32′32.2″N，106° 46′22.6″E	蒿类（ *Artemisia* sp. ）、蕨类（ *Pteridium Scop.* ）、女贞（ *Ligustrum lucidum* ）、五节芒（ *Miscanthus floridulus* ）、黄茅（ *Heteropogon contortus* ）等
女贞林	26°32′35.7″N，106°46′42.0″E	女贞（ *Ligustrum lucidum* ）、小果蔷薇（ *Rosa cymosa* ）、蒿类（ *Artemisia* sp. ）、荩草（ *Arthraxon hispidus* ）、五节芒（ *Miscanthus floridulus* ）、黄茅（ *Heteropogon contortus* ）、百合（ *Lilium brownii.* ）等
马尾松林	26°32′41.3″N，106°46′46.9″E	马尾松（ *Pinus massoniana* ）、野桐（ *Mallotus tenuifolius* ）、小果蔷薇（ *Rosa cymosa* ）、云南鼠刺（ *Itea yunnanensis* ）、蒿类（ *Artemisia* sp. ）等

1.3.3　研究方法与技术路线

1.3.3.1　土壤有机碳（SOC）和全氮（TN）的测定

供试土壤用 $0.1 \ mol \cdot L^{-1}$ 的 HCl 浸泡 24 h 除去土壤无机碳后，在元素分析仪（PE2400 Ⅱ 型）上测定 SOC 和 TN，以质量分数表示。

1.3.3.2　土壤无机氮及其转化速率的测定

土壤中 NH_4^+ -N 用靛酚蓝-分光光度法测定（Maynard, D. G., et al., 1993）；NO_3^- -N 用双波长法测定（Norman, R. J., et al., 1985），Norman 等人提出的 210 nm 和 275 nm 紫外分光光度法在很大程度上消除了可溶性有机物的干扰，硝酸根离子在 210 nm 处有强吸收，在 275 nm 处无吸收，而主要干扰因子土壤有机质均有吸收，首先测定有机质在这 2 个吸光度之间的转化系数（即校正因数 f ），然后以浸提液在 275 nm 处的吸光度（λ_{275}）的 f 倍代替有机质在 210 nm 处的吸光度值，将它从浸提液在 210 nm 处的吸光度（λ_{210}）中扣除，即得到 $NO_3^- - N$ 在 210 nm 处的校正吸光度，这种方法即紫外分光光度校正因数法。本文中 f 取 2.0。土壤净 N 矿化率、氨化速率和硝化速率分别以 10 d 培养期间（$NH_4^+ - N + NO_3^- - N$）、$NH_4^+ - N$ 和 $NO_3^- - N$ 的增量表示。

1.3.3.3　土壤微生物生物量的测定

1）土壤微生物生物量（SMB）的测定

土壤微生物细胞含 C 量约占干重的 50%，因此 C 源是微生物除水分外需要量最大的营养物质（周德庆，2002），土壤微生物生物量 C 是土壤活性有机碳的重要表征指标，也是土壤有机碳的灵敏指示因子。土壤微生物量大小一般以土壤微生物生物量 C 表示，Jenkinson 提出氯仿熏蒸-培养法，奠定了简便、快速测定土壤微生物生物量的基础（Jenkinson, D. S., 1976），Brookes 等人提出了一种更直接的估计微生物生物量的方法，即氯仿熏蒸-直接提取法（Brookes, P. C., et al., 1985），然而传统的氯仿熏蒸提取法需要大量土壤样本，微生物量 C、N 的校正因子 K_C 和 K_N 值变化较大，分别为 0.23～0.84、0.17～0.81；且对所有土壤使用同一个校正因子可能会产生误差，使用不同的校正因子又不利于结果的比较（Xu, X., et al., 2008）。氯仿熏蒸-提取法测得的微生物生物量 C 与 280 nm 紫外分光光度法测得的微生物有机质呈极显著相关，且紫外分光光度法测得的微生物生物量与总生物量 N、水合茚三酮 N 都呈极显著相关，因此 Nunan 等人于 1998 年提出与熏蒸提取法测定微生物生物量 C 显著相关的氯仿熏蒸提取-$UV_{280\,nm}$ 法，认为该法快速、简单、可信，可用于土壤微生物生物量的分析（Nunan, N., et al., 1998）。

SMB 采用氯仿熏蒸提取-$UV_{280\,nm}$ 法（Nunan, N., et al., 1998）测定，各样点土样用 Jenkinson 和 Powlson 法（Jenkinson, D. S., et al.，1976）熏蒸 24 h 后取出，在通气良好的地方放置 2～3 h，使残留在土壤中的氯仿尽可能挥发。未熏蒸的土样置于冰箱中 4 ℃ 保存至分析。称取相当于烘干土质量 10 g 的新鲜土样，转入 100 mL 三角瓶中，加入 50 mL 0.5 mol·L^{-1} K$_2$SO$_4$，振荡 30 min 后过滤，立即在 280 nm 紫外光下测定其吸光度。熏蒸和未熏蒸的土样作相同处理。土壤微生物生物量用单位土中的吸光度增量 a（$\Delta \cdot g^{-1}$）表示：

$$a = (\text{abs}_{熏} / G_{熏}) - (\text{abs}_{未} / G_{未}) \tag{1-1}$$

式中　　abs——UV$_{280\ nm}$ 的吸光度；

　　　　G——烘干土质量。

2）土壤微生物生物量 C、N（SMBC、SMBN）的测定

Turner 等人对英国 29 个土壤样品的研究同样表明，UV$_{280\ nm}$ 吸光度的增量与 SMBC、SMBN 均呈较显著正相关，相关系数分别达 0.92 和 0.90（Turner，B. L.，et al.，2001），Nunan（1998）测得的两者相关系数也分别高达 0.94 和 0.91。应用该法对草地和耕作土地进行研究已见报道，但之前的研究主要集中于低含量的土壤有机质，而未将有机质作为一个变量考虑（Xu，X，et al.，2008），亚热带土壤受植被和土层深度的影响，有机质含量差异较大，Nunan 等人（Nunan，N，et al.，1998）测得在 UV$_{280\ nm}$ 用 K$_2$SO$_4$ 提取的 SMB 与可提取的 SOC 比值为 0.90×10^{-4} ～ 1.78×10^{-4}，认为有机质含量的变化可能会影响 UV$_{280\ nm}$ 吸光度的增量，$\Delta UV_{280\ nm}$ 和有机质的校准模型则能解释用氯仿熏蒸-提取法测定的森林表层土壤 SMBC、SMBN 86%～93% 的浓度变化（Xu，X，et al.，2008）。对热带和温带森林土壤的研究显示，熏蒸前后 UV$_{280\ nm}$ 值的增量与熏蒸提取法测得的 SMBC、SMBN 成比例，由此形成了基于 UV 的回归方程［见公式（1-2）和式（1-3）］，以快速分析微生物生物量。为方便文献间 SMBC 的比较及消除有机质的影响，根据公式（1-2）和公式（1-3）将 UV$_{280\ nm}$ 的吸光度换算成 SMBC、SMBN。

$$SMBC = (6\ 569.7 \pm 695.1)\Delta UV_{280\ nm} + (10.8 \pm 0.9)TC \tag{1-2}$$
$$n = 172,\ R^2 = 0.94,\ P < 0.001$$
$$SMBN = (1\ 113.0 \pm 114.5)\Delta UV_{280\ nm} + (27.1 \pm 2.1)TN \tag{1-3}$$
$$n = 172,\ R^2 = 0.92,\ P < 0.001$$

其中，SMBC、SMBN 的单位为 mg·kg^{-1}，$\Delta UV_{280\ nm}$ 的单位为 $\triangle \times 10^{-3} \cdot g^{-1}$，总碳（TC）、全氮（TN）的单位为 g·kg^{-1}。

1.3.3.4 土壤微生物呼吸（MR）的测定

土壤微生物呼吸（MR）采用改进的密闭室法测定，称取 100 g 鲜土均匀平铺于 1.5 L 密闭箱底部，于 30 ℃ 恒温培养 48 h 后抽取 35 mL 气体至已抽真空的密闭瓶中。微生物呼吸以 48 h 累积产生的 CO_2 量进行计算。HP 5890 GC 分析 CO_2，检测器为 FID，分析柱为 Porapak Q，载气为 N_2，柱温 50 ℃，检测器温度为 320 ℃。

1.3.3.5 土壤微生物功能性指标的计算

1）微生物代谢熵（qCO_2）

土壤微生物代谢熵能反映微生物活动的强弱，是常用于指示土壤过程的参数，用 qCO_2 表示。qCO_2 可以用于研究环境变化对微生物群落的影响，这种方法起源于 Odum, P. E. 的生态系统演替理论，在生态系统发育过程中能量代谢消耗较少的 C，就有更多的 C 用于 SMBC 的积累，qCO_2 值大，意味着呼吸消耗的基质 C 比例相对较大，构造微生物细胞的 C 比例相对较小；反之亦然。qCO_2 将微生物生物量大小与微生物活性和功能有机地联系起来，在反映土壤的生物质量变化时显得更加稳定，受植物生长状况的影响较小（黄懿梅，等，2009）。qCO_2 也是反映环境因素、管理措施变化和重金属污染对微生物活性影响的一个敏感指标，土壤水分匮乏、除草剂的应用、土壤酸化等将使代谢熵增大（Grego，S.，1996），在此意义上也可将其看作一个微生物胁迫指标，著名生态学家 Odum, P. E. 指出，在环境胁迫条件下，微生物必须从维持生长和繁殖的能力中分流出一部分，补偿由于胁迫所需要付出的额外能量，因此胁迫必然会提高微生物生长所需要的维持能（赵吉，2006）。

$$qCO_2 = MR / SMBC \qquad (1\text{-}4)$$

2）微生物熵

土壤活性碳含量（如 SMBC、SMBN 等）在很大程度上取决于土壤总有机碳量（万忠梅，等，2008），因此在标示土壤过程或土壤健康变化时，微生物熵比土壤微生物生物量 C 或有机碳单独应用更为有效，能够避免在使用绝对量或对不同有机质含量的土壤进行比较时出现的一些问题。

$$微生物熵 = SMBC / SOC \qquad (1\text{-}5)$$

1.3.3.6　土壤反硝化酶活性（DEA）及潜在反硝化作用（Dp）的测定

1）测定方法的选择

反硝化作用的测定方法主要有 4 种：

（1）^{15}N 差值法。将施入土壤的标记 ^{15}N 总量减去植物吸收的 ^{15}N 量、土壤残留的 ^{15}N 量和 NH_3 挥发的 ^{15}N 量之差，作为反硝化作用的损失量。其优点是在不存在淋洗和径流损失时 ^{15}N 丰度和 NH_3 挥发的 ^{15}N 量可准确测定。

（2）C_2H_2 抑制技术（acetylene inhibition technique）。1973 年 Fedorova 发现乙炔可抑制反硝化作用中 $N_2O \rightarrow N_2$ 的转化，这个发现成为乙炔抑制法的理论基础。该方法包括 2 个步骤，首先将土壤空气用乙炔处理，再用气相色谱分析产生的 N_2O 量（Kaspar and Tiedje，1980）。经 0.1~10 Pa 乙炔处理的土壤，主要抑制硝化作用而不抑制反硝化作用中 $N_2O \rightarrow N_2$ 的还原，产生的 N_2O 主要来自反硝化作用；不加乙炔产生的 N_2O 与加 10 Pa 乙炔产生的 N_2O 之差即为硝化作用产生的 N_2O；加 10 kPa 乙炔产生的 N_2O 与加 10 Pa 乙炔产生的 N_2O 之差即为产生的 N_2 量。

利用 C_2H_2 抑制 N_2O 还原为 N_2，通过测定 N_2O 的释放量来计算反硝化作用损失的方法，灵敏度高，可用于土壤 N 等非标记的反硝化损失量的测定。

（3）^{15}N 气体质谱法。该法是施用高丰度 ^{15}N 标记的肥料，定时采集土壤释放出的含有 $(N_2O + N_2)$-^{15}N 气体样品，经前处理以后直接在高精度的质谱仪上测定。该方法灵敏度高，采气样时不破坏土壤与植物。

（4）气压过程分离技术（Barometric Process Separation Technique，BAPs）。能测定总硝化作用、反硝化作用、呼吸作用和体积密度、生物量 C、生物量 N 等。简单易行，操作方便；但仪器昂贵，水浴恒温要求较高。

^{15}N 差值法、^{15}N 气体质谱法及 BAPs 技术成本昂贵，本实验拟采用 C_2H_2 抑制技术，该技术主要包括瓶培养（Yu，K.，et al.，2008；Oehler，F.，et al.，2007；Salm，v. d. C.，et al.，2007；Giessen，2006；McKeon，C. A.，et al.，2005；Templer，P. H.，et al.，2005；Šimek，M.，et al，2004；Pinay，G .，et al.，2003；Jarvis，S. C.，st al.，2001；杜睿，等，2000）和箱法培养（Wang，D. Q.，et al.，2007；Cao B.，et al.，2006；Du，R.，et al.，2006；Hooda，A. K.，et al.，2003；Watt，S. H.，et al.，2000）两种，前者快速、灵敏、重复性高，便于野外操作，但对土层扰动较大；后者是指原状土芯培养法，如 PVC 埋管法、密闭培养箱法等，对土层扰动较小、灵敏、重复性高，可与野外静态箱测定数据作对比，但耗时较长。

C_2H_2 抑制技术是测定反硝化作用最常用的方法，在厌氧条件下，10% 的 C_2H_2（体积分数）能够有效抑制 N_2O 向 N_2 转化，使得 N_2O 成为反硝化作用主要的末端产物（Yu，K.，et al.，2008）。C_2H_2 不仅可阻止 N_2O 还原为 N_2，同时也会抑制硝化作用，并通过减少硝酸盐供给来减少反硝化作用（Warland，J. S.，et al.，2000），因此不能同时测定硝化-反硝化作用产生的 N_2O，只能测定反硝化作用产生的 N_2O 量。即使是低浓度的 C_2H_2（> 0.01%）也可以有效地抑制硝化作用，因此新产生的 NO_3^- 就会减少。Jarvis 等人则认为 N_2O

的富集只能被用来决定土壤中可利用的 NO_3^- 的反硝化程度（Jarvis，S. C.，et al.，2001）。

2）条件实验

为避免土芯对土壤通气条件的影响，实验优选了对土层扰动较小的箱法培养，根据 Jarvis 等人提出的方法（Jarvis，S. C.，et al.，2001），采用可取盖的长方形 PVC 箱（图 1-2）测定反硝化作用。

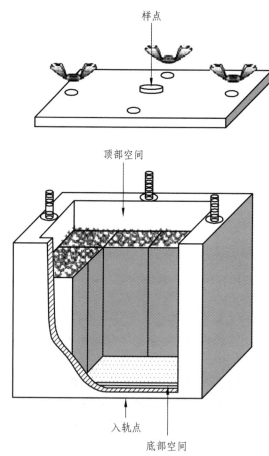

图 1-2　土壤反硝化作用测定的实验装置（Jarvis，S. C., et al.，2001）

箱盖与箱体结合部用白色硅胶垫（3 mm 厚，12 mm 宽）密封，并在四条边的中间分别用双头螺栓固定。将一个不锈钢网筛（孔径 2 mm）放置到距箱底 25 mm 处，网筛上放置 100 mm 长的原状土柱，即土柱与箱盖间存在 50 mm 高的空隙。距箱底小于 25 mm 处和箱盖正中分别开一小孔，安装气门芯以方便抽注气体。实验前对箱体密闭性进行了测试，以确保气密性良好。

2008 年 3 月，在中国科学院地球化学研究所内进行条件实验，实验中发现方形土柱的取样不便，因石漠化地区表土中片状砾石等杂质较多，土柱无法保持完整形态，使得实验数据的计算不准确；此外 PVC 材料对温湿条件反应较大，当从土壤中取出后箱体明显内凹，无法持续保持箱体的气密性。由于 75% 的反硝化作用集中在 20 cm 的表土中（Salm, v. d. C., et al., 2007），而野外条件下研究区域多数地区土层较薄且不连续，部分样地土层厚度甚至低于 10 cm，完整土柱的取样更加困难，因此决定采用 C_2H_2 抑制-瓶培养实验测定反硝化作用。

3）实验室测定方法

反硝化酶活性（DEA）、潜在反硝化作用（DP）均采用 C_2H_2 抑制-瓶培养法（Jiedje, J. M., et al., 1989）测，利用 C_2H_2 可以抑制 N_2O 向 N_2 转化来确定反硝化作用。取 5 g 过 2 mm 筛的鲜土放入密闭瓶中，真空泵抽气 5 min 后充入 99.99%He 气和 C_2H_2（> 10 kPa），加入 5 mL 溶液（1 mmol 葡萄糖、1 mmol KNO_3、1 g·L^{-1}氯霉素，即 14 mg N·kg^{-1} soil、72 mg C·kg^{-1} soil），于 30 ℃ 恒温水浴箱中培养，30 min、60 min 分别抽取顶层空气 5 mL 至已抽真空的密闭瓶中。反硝化酶活性以两次取样 N_2O 的浓度差值计算。HP 5890 GC 分析 N_2O，检测器为 ECD，分析柱为长 3 m、内径 2 mm 的 80/100 目 Porapak Q，柱温 50 ℃，载气为 5% Ar-CH_4，流速 20 mL·min^{-1}，电子捕获检测器（ECD）温度为 320 ℃。根据气体随时间的变化速率线性回归方程计算土壤 N_2O 的增量。

DP 的分析、测定过程与 DEA 大致相同，取 5 g 过 2 mm 筛的鲜土放入密闭瓶中，真空泵抽气 5 min 后充入 99.99% He 气和 C_2H_2（ > 10 kPa），加入 5 mL 溶液（250 mg N·kg^{-1} soil 和 250 mg C·kg^{-1} soil），于 30 ℃ 恒温水浴箱中培养，1 h、5 h 分别抽取顶层空气 5 mL 至已抽真空的密闭瓶中。

4）数据校正

为与野外静态密闭箱实测的 N_2O 通量进行数据比较，采用较常用的温度补偿函数 Q_{10} 来校正 DP 到野外真实温度。

$$Dp = DP \cdot Q_{10}^{0.1(T-T_{ref})} \tag{1-6}$$

式中　DP——实验室测得的潜在反硝化作用；

　　　T——实际 0~10 cm 土壤平均土温；

　　　T_{ref}——DP 测定时的温度（30 ℃）；

　　　Dp——校正后野外实际的潜在反硝化作用；

　　　Q_{10}——取 2.6（Salm, v. d. C., et al., 2007）。

1.3.3.7　土壤酶活性的测定

土壤蔗糖酶和淀粉酶活性采用 3,5-二硝基水杨酸比色法测定；土壤脲酶活性采用苯酚钠比色法测定；土壤蛋白酶活性采用茚三酮比色法测定；土壤过氧化氢酶活性采用 $KMnO_4$ 滴定法测定。具体方法参见文献（关松荫，1986）。

1.3.3.8　其他测定

土壤 pH（H_2O）采用电位法测定，水土比为 2.5：1；土壤温度用温度计测定；土壤含水量和容重用环刀法测定，并按下式计算土壤充水孔隙度（WFPS）：

$$土壤总孔隙度 = 1 - 土壤容重 / 2.65 \tag{1-7}$$

$$土壤充水孔隙度(WFPS) = \frac{土壤质量含水量 \times 土壤容重}{土壤总孔隙度} \times 100 \tag{1-8}$$

所有分析和测试工作均在中国科学院地球化学研究所环境地球化学国家重点实验室完成。

1.3.3.9 数据处理

数据采用 Excel 2003 计算处理，用（均值±标准偏差）表示，SPSS 13.0 数理统计软件（Chicago，IL，USA）进行统计分析。在进行方差分析时进行正态分布和方差齐次性检验，不符合条件者用对数 $\log_{10}(x+1)$ 转换，利用 SPSS 13.0 进行 LSD 最小显著差法的多重比较，利用 Two-Way ANOVA 和 Pearson 进行相关分析，双因素方差分析用于双因素交互作用分析，简单相关分析的目的在于初步寻找可能存在的内在联系。$P < 0.05$ 被认为是具有统计学意义的。用 SigmaPlot 10.0 绘图软件绘图。

2　相关研究回顾及展望

2.1　西南石漠化及喀斯特森林的研究及展望

2.1.1　西南石漠化的研究现状及展望

中国云南、贵州、四川、重庆、广西、湖南和湖北 7 省（市、区）是我国喀斯特分布最集中的地区，全区总面积 $176.08 \times 10^4 \text{ km}^2$，其中裸露与半裸露的碳酸盐岩分布面积占 41.3%（卢耀如，2003）。中国西南喀斯特生态系统在水文地质、地球化学背景、喀斯特植被以及喀斯特人类活动方面具有特殊性，构成了脆弱的生态系统，在基础科学研究和退化生态系统的综合治理方面都具有世界范围代表性或范例性（刘丛强，等，2009；赵中秋，等，2006）。石漠化过程是由植被退化演替过程、土壤侵蚀过程、地表水流失过程、碳酸盐岩溶侵蚀过程、土地生物生产力退化过程组合而成的地表生态过程（姚永慧，2014），也是岩溶地区土地退化的极端形式。近十多年来，随着喀斯特地区以石漠化为主要特征的生态环境恶化日益严峻，国内外对喀斯特地区的生态环境问题给予了高度关注，2001 年国务院正式提出"推进岩溶地区石漠化综合治理"，国家"十五"计划明确指出"推进黔桂滇岩溶地区石漠化综合治理"，西南喀斯特地区土地石漠化的综合防治成为西部大开发成败的关键和最紧迫的任务之一。2004—2005 年，中国国家林业局组织开展了岩溶地区石漠化土地监测工作。监测范围涉及湖北、湖南、广东、广西、贵州、云南、重庆、四川 8 省（自治区、直辖市）的 460 个县（市、区），监测区总面积 107.14 万平方千米，监测区内岩溶面积为 45.10 万平方千米。2011—2012 年国家林业局组织开展了上述地区第二次石漠化监测工作，共组织技术人员 4 000 多人，调查图斑 231 万个，建立了包括 4 万余个 GPS 特征点、近亿条信息在内的石漠化监测信息系统。

学术界对西南石漠化的研究最初倾向于地质地貌发育理论和演化序列，后逐渐转向研究各类地貌的形成原因、过程及发育机理，目前，主要进行喀斯特生态系统方面的研究［如对喀斯特地区生态系统运行规律、岩溶系统与人类活动的相互作用关系等方面（袁道先，1993，2001）］、空间格局的研究（利用 Landsat TM 影像数据结合地面数据提取石漠化现状数据，建立动力模型或分析石漠化动态变化及成因，评估区域发展模式、区域风险等）、驱动机制研究（如根据 DEM、遥感影像、地质地貌图等数据与石漠化现状数据结合分析，系统研究 LUCC 对土壤侵蚀、土地退化和生态修复的影响等）等。

一方面，自然过程引起西南地区石漠化，另一方面，人类不合理的经济社会活动加速了石漠化的进程。现普遍认为强烈的岩溶化过程是石漠化产生的主要自然原因，人类对生态的破坏和土地的不合理利用是激发石漠化过程的主要人为因素。广西凌云县的研究表明，自然因素和不合理的人为因素均能引发土地石漠化，其中自然因素引发的占 35.4%，人为因素引发的占 64.6%（李生，等，2009）。单伟等人认为石漠化的发生以自然因素影响为主，人类活动则起到了促进的作用，25° 坡度带是人类活动与自然因素影响作用的转换带，坡度大于 25° 时，自然因素对石漠化的发生起主导作用（单伟，等，2009）。目前，对喀斯特地区石漠化的研究已从过去仅关注自然过程向以土地利用与生态环境退化的关系、生态恢复与重建等为重点研究内容的研究方向转变（赵中秋，等，2006；刘丛强，等，2009），联合国教科文组织（UNESCO）和国际地质对比计划（IGCP）共同资助的喀斯特地区生态环境研究计划，从“地质、气候、水文和喀斯特的形成”（IGCP229，1990—1994）、“喀斯特作用和碳循环”（IGCP379，1995—1999）到“全球喀斯特生态系统对比”（IGCP448，2000—2004）也反映了这一趋势（万军，2003）。2006 年，国家科学技术部立项的"973"项目（西南喀斯特山地石漠化与适应性生态系统调控）主要针对西南喀斯特山区石漠化过程和适应性生态修复的基础理论问题，选择以贵州为中心的西南喀斯特不同生态环境区为研究对象，以其生物地球化学过程及其对石漠化的响应为科学核心，探索顺应自然规律并兼顾生态系统服务功能和区域社会发展需求的、能够有效促进生态系统修复的可行性途径，以提出喀斯特退化、石漠化生态系统修复和优化调控的理论体系（刘丛强，等，2009）。

喀斯特石漠化研究虽然取得了较大进展，但也存在明显的薄弱环节，例如，对石漠化空间格局、现状研究较多，但对石漠化的成因还缺乏典型的案例研究，石漠化发生机制的研究受限于石漠化的整体研究水平，这一水平仍停留在对石漠化的宏观调查与现状描述上（李阳兵，等，2004）；又如，在石漠化遥感研究方面，受到遥感数据的限制，其研究时段集中在 1986—2000 年间，不利于探索当前或者更长时间尺度上的石漠化演变规律；再如，对石漠化人为因素的研究，大多按照行政单位进行传统统计方法的研究，在实际空间位置的系统研究方面缺乏大尺度范围的对比和统计，这将很难从真正意义上掌握石漠化的驱动机制。刘丛强等人（2009）指出，喀斯特石漠化现象在宏观上要求从更大范围深入研究水土流失与石漠化的时空演变格局及其发生发展规律、退化生态系统修复的生态、经济和社会效益的协调统一规律；在微观上应进一步研究喀斯特薄土层坡地的侵蚀机理和石漠化过程中植物与环境之间的竞争和协同机制、生态系统的结构和功能变化、系统内部各个圈层之间的物质转化、养分循环、能量流动和信息传递规律。

2.1.2　喀斯特退化森林生态系统的研究及展望

退化生态系统是指生态系统在自然或人为影响下形成的偏离自然状态的系统，据估计，由于人类对土地的开发（主要指生境转换）导致了全球 50 多亿公顷（hm^2，$1\ hm^2 = 10^4\ m^2$）土地的退化，使全球 43% 的陆地植被生态系统的服务功能受到了影响。土壤生态系统的退化机理主要反映在植被退化、土壤理化性质退化和营养元素流失等三方面，近几十年来，森林转变为次生林、人工林或耕地在亚热带地区十分普遍，自然植被的砍伐、分解、焚烧或变为耕地会降低土壤养分储量或地面植物生物量（Houghton，R. A.，1990）。森林植被的破坏导致森林土壤资源渐趋恶化，土壤肥力降低，自然灾害频繁。我国对退化森林生态系统恢复的研究较早，1959 年，中国科学院华南植物研究所开展了热带、亚热带退化生态系统恢复与重建的长期定位研究，"九五"期间开展了有关中国退化生态系统方面的研究，包括森林生态系统退化的特征、现状、分布、原因及过程，提出了石灰岩山地植被自然恢复与现存植被改造利用的途径，形成了南方退化森林生态系统恢复与重建研究的雏形；20 世纪 80 年代普遍认为中亚热带湿润气候下常绿落叶阔叶混交林是喀斯特地区相对稳定的土壤顶极；90 年代则对顶极群落的结构组成及功能特征研究较多；21 世纪初对退化森林生态系统自然恢复的生态学过程如自然恢复演替系列，自然恢复评价进行了深入的研究（魏媛，2008）。

喀斯特森林是一种特殊的森林生态系统，国外对在人地矛盾冲突的条件下恢复喀斯特森林、提高森林固土保水能力方面的研究极少，国内在该方面的研究同样也滞后于地带性森林生态系统的研究（王世杰，等，2007）。最近几年来，不同的研究者着手于从气候、环境、地质构造和地球化学等多个方面对喀斯特生态系统退化及石漠化发生的机制和主要影响因素进行了深入探讨，不断有研究者将土壤因素作为喀斯特生态系统退化和石漠化发展的主要因素予以考虑，将土壤肥力指标和生物活性指标作为划分土地退化和石漠化程度的主要依据（Quesada，M.，et al.，2009），土壤生物学活性动态变化的研究有利于加深对退化森林自然恢复生态学过程的理解，对恢复与重建退化森林生态系统具有重要的理论意义和现实意义。Fu 等人（Fu，S. L.，et al.，2009）指出我国过去 20 年的研究主要集中在土壤动植物对环境变化的响应和土壤官能团在养分循环和污染治理上的作用，近几年对土壤生物学和生态学的研究激增，未来将需要更多系统的、长期的野外研究。王世杰和李阳兵认为目前对顶极状态喀斯特森林生态系统属性、植物适应方式和途径多样性、植被恢复过程等的研究已有了初步认识，但对水分和养分在植被恢复过程中的作用、植被恢复的理论、恢复成功的标准、植物对喀斯特生境的适应机制和演替规律等缺乏系统研究，未涉及喀斯特生态系统中植被恢复对生态环境的作用机制研究，缺乏喀斯特生态系统的优化调控理论（王世杰，等，2007）。Quesada 等人认为退化生态系统的恢复与重建最有效的方法是顺应生态系统演替规律，退耕还林和森林恢复重建都需要进一步了解森林生态系统的演替过程（Quesada，M.，et al.，2009）。森林演替是世界范围内森林保护的关键，目前，对喀斯特退化森林不同恢复阶段土壤-植被的研究相对较多，而对喀斯特次生林尤其是人工林养分循环和生物学活性的研究相对薄弱。喀斯特次生林是喀斯特森林生态系统的组成部分，未来的森林可能就是次生林（Quesada，M.，et al.，2009），不同种类的人工林在退化生境修复、重建中的适应机制及生物学过程等尚未明确。

2.1.3　西南石漠化地区主要的生态恢复模式

胡锦涛总书记在党的十七大报告中明确指出："加强水利、林业、草原建设，加强荒漠化石漠化治理，促进生态修复。""生态恢复"指通过人工方法，依照自然规律恢复天然的生态系统，是研究生态整合性的恢复和管理过程的科学，现已成为世界各国的研究热点。目前，恢复已被用作一个概括性的术语，它包括了重建、改建、改造、再植等含义，一般泛指改良和重建退化的生态系统，恢复其生物学潜力。目前学术上使用较多的是"生态恢复"和"生态修复"，生态恢复的称谓主要应用在欧美国家，在我国也有应用，而生态修复的叫法主要应用在日本和我国。美国自然资源委员会（The US Natural Resource Council）把生态恢复定义为使一个生态系统回复到较接近于受干扰前状态的过程，即该过程是使受损生态系统的结构、功能恢复到受干扰前状态（Cairns，J. J.，1995）；Jordan 认为使生态系统回复到先前或者历史上（自然的或非自然的）的状态即为生态恢复（Jordan，W. R. I.，1995）；Egan（1996）认为生态恢复是重建某区域历史上有的植物和动物群落，而且保持生态系统和人类的传统文化功能的持续性过程（Hobbs，R. J.，et al.，1996）。以上定义均强调受损生态系统需要恢复到理想状态，但这种理想状态因生态系统历史、恢复时间、关键种的消失、高费用等问题而不可能达到。Harper 认为生态恢复是一个组装的过程，即试验群落和生态系统如何工作的过程（Harper，J. L.，1987）；Diamond 侧重于植被的恢复，他认为生态恢复即再造一个自然群落，或再造一个能自我维持、并保持后代具有持续性的群落（Diamond，J.，1987）。国际恢复生态学（Society for Ecological Restoration）先后提出三个定义：生态恢复是修复被人类损害的原生生态系统的多样性及动态的过程（1994）、生态恢复是维持生态系统健康及更新的过程（1995）及生态恢复是帮助研究生态整合性的恢复和管理过程的科学，生态系统整合性包括生物多样性、生态过程和结构、区域及历史情况、可持续的社会时间等广泛的范围（1995），第三个定义是其最终定义。上述界定的共同点是生态修复既可以依靠生态系统本身的自组织和自调控能力，也可以依靠外界人工调控能力。与自发的次生演替不同，生态修复强调人类的主动作用，多数日本学者认为生态修复是指外界力量使受损生态系统得到恢复、重建和改进，与欧美学者"生态恢复"的概念内涵类似。

我国岩溶山地退化生态环境的综合整治技术在 20 世纪 80 年代以后得到广泛开展，在许多方面都取得了较大进展，包括人工造林技术、栽培技术、土壤改良与生物培肥技术及表层岩溶水调蓄与开发技术等，长江和珠江防护林工程、水土保持工程及部分国际援助项目等生态建设工程都在西南喀斯特地区实施，2007 年，国务院批复《岩溶地区石漠化综合治理规划大纲》，在全国确定了 100 个石漠化综合治理试点县，贵州省有 55 个县被纳入了试点范围（车小磊，2009）。黔西南州兴义、兴仁、普安、晴隆、贞丰、望谟、册亨、安龙 8 县（市）被列入国家石漠化治理试点县，2008—2010 年，国家为每个县投入专项资金 3000 万元（地方匹配不低于 20%）用于石漠化治理。在石漠化治理过程中积累了许多成功经验，探索出了不同的生态恢复模式，主要包括：

1）小流域综合治理模式

该模式的理论为：喀斯特石漠化的治理要坚持以小流域为单元综合治理的基本思路，以解决喀斯特地区水问题为核心，以坡耕地综合整治为突破口，以增加群众收入为出发点，合理调控人口数量，充分发挥生态的自我修复能力。成功的案例如俄脚河小流域综合治理、普定蒙铺河小流域综合治理等。

2）分区治理、林业先导模式

该模式的理论为：应根据不同的气候、立地条件、植被及区域状况等对石漠化进行分区治理，根据石漠化的不同阶段选择相适应的树种，采用集水土保持、景观、薪炭材或药用林等于一体的适宜方法进行人工植被恢复，建立以森林植被为主体的生态体系，促进经济和社会可持续发展（谷勇，等，2009）。钟林茂等人将石漠化地区森林生态系统的治理措施归纳为人工植苗促进成林增加植被覆盖型、天然下种自然恢复型、人工点撒播恢复植被型、天然禁牧封山育林型、林下种植低矮地被植物型等几种类型（钟林茂，等，2008）。邹彪等人通过对建水县小关石漠化地区生长 10 年的云南松、马尾松、加勒比松、湿地松的林分生长状况进行了调查，认为马尾松冠幅年平均生长量最小，加勒比松和马尾松可作为造林树种进行推广；云南松虽然存在有蹲苗期、前期生长量低等问题，但也可作为造林推广树种；湿地松则适宜培育小径材，可作为备选树种（邹彪，等，2008）。李品荣等人则认为墨西哥柏 + 金银花、花椒 + 白枪杆、川滇桤木 + 红三叶、川滇桤木林、花椒 + 大白脉根和墨西哥柏 + 紫花苜蓿等 6 种模式对于提高地力效果较佳，值得在石漠化山地推广（李品荣，等，2008）。

3）封山育林及退耕还林、还草模式

李生等人对封山育林地、退耕还林地、农耕地的土壤有机质的研究显示，封山育林地初步形成了林地环境，林地土壤表现出良性转变。从林地种子生活型分析，封山育林地和退耕还林地属于进展演替，其中封山育林地处于较高演替阶段，而农耕地仍处于破坏之中，属于逆行演替（李生，等，2008）。余涛认为自然及人工植被恢复、封山育林、坡改梯、岩溶峰丛区景观营造等生物及工程措施有利于石漠化的治理（余涛，2008）。石漠化地区草地植被恢复也有利于促进喀斯特地区生态环境建设，一些研究者（尹俊，等，2008；瓦庆荣，2008）认为恢复草地植被是解决喀斯特地区石漠化问题的根本出路和最佳途径，是保护生态环境的最后屏障，能最快最好地实现生态、生活双改善。

4）生态经济型治理模式

该模式主张种植经济作物，与农民的经济利益相结合，并以此带动石漠化治理和农民致富，以摆脱"贫困—人口增长—土地退化—贫困"的恶性循环，在生态重建的过程中提高农民收入。据报道，在贵州省部分地区试种具有喜钙性、旱生性和岩生性的"先锋植物"（包括花椒、香椿、火棘、杜仲、构树、忍冬、柏木和麻风树等）已取得成功，并取得了明显的生态经济效益。一些学者提出引入另一些植物如丛枝菌根（王建锋，等，2009）、博落回（邹序安，等，2009）、南酸枣（陈彩娥，2007）、生物结皮层藓类植物（李冰，等，2009）等方式来修复和重建喀斯特地区的脆弱生态环境。

5）生态农业模式

该模式主张开发农村新能源，多种方式结合，节约薪柴，推动农民致富，如利用生物覆盖技术构建新生态产业等。2000—2006年贵州晴隆县开展种草养羊科技扶贫，有效遏制水土流失，将陡坡荒地变成绿色牧场，解决岩溶地区生态建设与扶贫开发有机结合的问题，取得了显著的社会经济效益和生态效益。

经过十多年的治理，一些局部成功的试验示范模式取得了一定成效，但相对于西南岩溶山区复杂多样的生态环境类型而言，岩溶区实际的生态恢复过程中仍然存在一些困难，石漠化治理中成熟的推广模式较为缺乏，未对地区资源开发与生态环境恢复加以系统研究，植物适应性等关键技术未完全掌握，先锋植物品种的选育培植、退耕还林还草的复合经营技术以及岩溶山地退化生态系统恢复与重建等方面的关键技术仍未得到解决（王世杰，2003；李阳兵，等，2004），示范区与区域发展的关系也有待进一步解决，总体上石漠化趋于局部好转但整体恶化的状态。

2.2　反硝化作用与气态 N 流失

全球气候环境变化是人类目前关注的焦点，也是亟待解决的环境问题之一。CO_2、N_2O 和 CH_4 是大气中最主要的三种长寿命的温室气体，自工业革命以来，人类生产和社会活动使大气中的温室气体含量持续增加，根据 IPCC 第五次评估报告，2011 年大气中 CO_2 浓度达到 3.91×10^{-4}，比工业化前的 1750 年高了 40%；化石燃料使用及水泥行业总共排放了 3 650 亿吨碳，同时森林减少及其他土地用途改变排放了 1 800 亿吨碳，除了存留在大气中的 2 400 亿吨碳外，陆地生态系统吸收了 1 500 亿吨碳；CH_4 和 N_2O 浓度分别达到了 1.803×10^{-6} 和 3.24×10^{-7}，分别比工业化前提高了 150% 和 20%。目前，这三种温室气体的浓度都达到 80 万年以来的最高值。

自然界中氮元素主要以无机态、有机态和分子态三种形式存在，氮循环过程即这三种形态之间的相互转换过程，氮元素循环使土壤、大气、水等紧密联系起来。N_2O 能导致臭氧层耗损，加速全球变暖（Maier，R. M.，et al.，2004），其主要来源于土壤环境，在反硝化过程中产生（Schlesinger，W. H.，1997）。

2.2.1　土壤的反硝化过程

反硝化作用（denitrification）也称脱氮作用，是指反硝化细菌在缺氧条件下还原硝酸盐，释放出分子态氮（N_2）或一氧化二氮

（N_2O）的过程。土壤的反硝化作用主要包括生物反硝化和化学反硝化两种，以生物反硝化为主，化学反硝化方面的报道较为零散，缺乏对相关影响因素的系统性认识。反硝化作用将硝酸盐还原成 N_2O，是去除 NO_3^- 的主要途径（Lensi, R., Mazurier, S., GourbiEre, F. and Josserand, A., 1986），广义的反硝化作用是指将 NO_3^- 还原成 NO_2^- 并进一步还原成 N_2 的过程，因而把异化硝酸盐还原作用也包括在内；狭义的反硝化作用仅指将亚硝酸还原成 N_2 的过程（周德庆，2002）。N_2O 是反硝化作用的中间媒介、N 去除的主要途径：一部分 N_2O 被还原成 N_2 释放，一小部分直接以 N_2O 形式排放（Schlesinger, W. H., 1997）。环境中的硝酸盐初始水平有助于决定反硝化作用的终产物，低硝酸盐水平趋向于产生 N_2O，而高硝酸盐水平有利于产生 N_2，N_2 是我们更期望的反硝化终产物（Maier, R. M., et al., 2004）。反硝化作用对生态学意义重大，期望产物 N_2 的产生不仅可以降低土壤中 NO_3^- 的浓度，减少其对水质的污染，还可以降低温室气体 N_2O 的排放量，避免其对臭氧层的耗损。

微生物和植物吸收利用硝酸盐有两种完全不同的用途：一是利用其中的氮作为氮源，称为同化性硝酸还原作用：$NO_3^- \rightarrow NH_4^+ \rightarrow$ 有机态氮。许多细菌、放线菌和霉菌能利用硝酸盐作为氮元素营养。

另一用途是利用 NO_2^- 和 NO_3^- 为呼吸作用的最终电子受体，把硝酸还原成氮（N_2），称为反硝化作用或脱氮作用 $NO_3^- \rightarrow NO_2^- \rightarrow N_2 \uparrow$。能进行反硝化作用的只有少数细菌，这个生理群称为反硝化菌（表2-1）。大部分反硝化细菌是异养菌，如脱氮小球菌、反硝化假单胞菌等，它们以有机物为碳源和能源，进行无氧呼吸，其生化过程可用下式表示：

$$C_6H_{12}O_6 + 12NO_3^- \longrightarrow 6H_2O + 6CO_2 + 12NO_2^- + 能量$$

$$CH_3COOH + 8NO_3^- \longrightarrow 6H_2O + 10CO_2 + 4N_2 + 8OH^- + 能量$$

少数反硝化细菌为自养菌，如脱氮硫杆菌，它们氧化硫或氢获得能量，同化二氧化碳，以硝酸盐为呼吸作用的最终电子受体。可进行以下反应：

$$5S + 6KNO_3 + 2H_2O \longrightarrow 3N_2 + K_2SO_4 + 4KHSO_4$$

表 2-1　不同营养型的反硝化细菌属

类　　型	含反硝化细菌的一些属
有机营养型	假单胞菌属、产碱杆菌属、芽孢杆菌属、土壤杆菌属、黄杆菌属、丙酸杆菌属、芽生杆菌属、盐杆菌属（古细菌）、慢生根瘤菌属
化能无机营养型	硫杆菌属、硫微螺球菌属
光能营养型	红假单胞菌属
混合型	副球菌属、布兰汉氏菌属、奈氏球菌属

　　反硝化作用使硝酸盐还原成氮气，从而降低了土壤中氮元素营养的含量，对农业生产不利。农业上常进行中耕松土，以防止反硝化作用。反硝化作用是氮元素循环中不可缺少的环节，可使土壤中因淋溶而流入河流、海洋中的 NO_3^- 减少，消除因硝酸积累对生物的毒害作用。

2.2.2　反硝化过程与土壤养分流失

　　前人对西南喀斯特区域生态环境养分生物地球化学循环的研究中发现养分大量流失，从区域尺度上认为养分快速流失可能与石漠化及人类活动有关，但何种过程和机制制约营养元素的流失并不清楚（刘丛强，等，2009），Maier 等人认为在 C 源受限制、电子受体丰富的环境中反硝化作用将成为优先过程（Maier, R. M., et al., 2004）。反硝化作用对 N 循环的贡献在生态系统之间和生态系统内部各异，这种变化归结于反硝化菌群的大小，因其决定了最大反硝化率，了解反硝化菌群群落组成、结构、功能以及其对环境的响应是非常重要的（Zhang, Y. G., et al., 2006）。反硝化菌群主要是一些兼性厌氧微生物，如地衣芽孢杆菌（*Bacillus licheniformis*）、脱氮副球菌（*Paracoccus denitrificans*）、铜绿假单胞菌（*Pseudomonas aeruginosa*）和脱硫杆菌（*Thiobacillus denitrificans*）等（周德庆，2002），反硝化过程的途径中包含硝酸盐还原酶、亚硝酸盐还原酶、NO_x还原酶和N_2O还原酶等（Maier, R. M., et al., 2004），反硝化菌群群落的大小受土壤和环境条件的影响。有研究表明反硝化作用会引起土壤中氮肥严重损失（可占施入化肥量的3/4左右），对农业生产十分不利（周德庆，2002），其释放通量主要受土壤状况、农业活动、气候和周围环境条件的影响，且75%的反硝化作用集中在20 cm的表层土壤，重黏土土壤中有90%的N通过反硝化途径损失，10%通过排水和浸出损失（Salm, V. D. C., et al., 2007）。同时，由于大气N沉降量的增加，导致土壤有效氮含量增加和土壤酸化，在一定程度上也会改变N_2O排放量。

2.2.3 反硝化作用的主要影响因子

硝酸盐浓度、土壤C/N比、有机质（Pinay, G., et al., 2003）、pH（Šimek, M., et al., 2006）、人造林、土壤质地（Schimann, H., et al., 2007）及景观格局（Florinsky, I. V., et al., 2004）等都显著影响反硝化作用。

（1）硝酸盐浓度　反硝化微生物在厌氧条件下，以硝酸盐为N源，以含C有机化合物为能源，把硝酸盐还原为游离态氮（N_2）和氮的氧化物（NO_x和N_2O），逸出到空气中。环境中的硝酸盐初始水平决定了反硝化作用的最终产物，低硝酸盐水平趋向于产生N_2O而高硝酸盐水平有利于产生N_2（Maier, R. M., et al., 2004）。

（2）土壤C/N比　通常认为微生物量C能表征土壤中微生物的数量，充足的C源被用于保持生物活性，不需要充足C源的渗透性细胞被用于反硝化作用的完成（Kim, Y. H., et al., 2007），因此反硝化作用表现出适度的 C 限制（Ambus，P.，1993），但在单追加 N 源的情况下，土壤中缺少微生物所需的能源致使 C/N 比失调，而土壤 C/N 比可能是影响反硝化菌群落的关键因子（Zhang, Y. G., et al., 2006）。氮的限制性由环境中的 C/N 比决定，通常细菌要求的 C/N 比为 4~5，真菌为 10，土壤微生物生物量代表性平均 C/N 值为 8，考虑到 C 在呼吸作用中以 CO_2 损失，C/N 值应乘以 2.5 即为 20，如果 N 是限制性的，则固定化作用就成为更重要的过程，相反则矿化作用占优势（Maier, R. M., et al., 2004）。Pinay 等人（Pinay, G., et al., 2003）在 C/N 比约 15 测得最大潜在反硝化作用，在 C/N 比大于 18 测得非常低的潜在反硝化作用，缺乏较易利用的有机态 C 和低硝化作用（限制可利用硝酸盐）可能抑制了大的、活跃的反硝化菌群，低 C/N 比及添加硝酸盐时外来有机质的矿化会增大反硝化菌群。

（3）pH　研究表明，酸性和碱性土壤中反硝化酶活性都非常高，与 pH 的相关性不好，表明反硝化群落能适应土壤 pH。引进亚硝酸盐代替硝酸盐作为电子受体抑制硝酸盐还原酶对反硝化酶活性与 pH 的交互作用没有影响。在最优反硝化条件下（充足的硝酸盐或亚硝酸盐和可利用 C 及低 O_2）延长培养时间测定潜在反硝化作用，反硝化产物最适宜的 pH 趋近中性，可能因中性 pH 更适合反硝化群群落生长。pH 大于 7 时，N_2 是主要的反硝化产物（Šimek, M., et al., 2006），但目前 pH 和反硝化作用的交互作用究竟存在何种关系仍然不清楚。

（4）植被类型　不同森林类型土壤异养微生物数量和类群组成极为不同，即使在同一森林类型土壤的不同小生态环境中异养微生物数量和类群组成也有极显著差异（庄铁诚，等，1997）。不同树种的反硝化能力也有差异，例如，固氮红桤木能增加森林土壤有机质和 N 元素含量，其反硝化作用有时会被 C 源限制，但不会被 N 源限制，而花旗松/绿桦土壤 C 源、N 源都经常限制反硝化作用。不同植物不同季节反硝化能力差异也不一样（Bastviken, S. K., et al., 2005）。在人工林（特别是针叶林）中，通常林下枯枝落叶层累积很厚，经久不烂，林下土壤的养分却非常贫瘠，也主要是因凋落物的 C/N 值太高不适合微生物分解。人造林对土壤 C、N 含量、呼吸作用以及反硝化作用有强烈的影响，反硝化作用随人造林年龄的增高而增高（Schimann, H., et al., 2007），与未受干扰的灰岩森林相比，喀斯特次生林的有机质和微生物体 N 较少，土壤初期的恢复过程较快，但应建立长期恢复情况研究（Templer, P. H., et al., 2005）。

（5）其他因子 除已列举的上述因子外，反硝化作用受环境和土壤中包括 CO_2 含量升高、N 循环指数、土壤湿度等许多因子影响，CO_2 含量升高对反硝化作用的响应研究较多（Barnard, R., et al., 2005；Tscherko, D., et al., 2001），Pinay 等人连续 2 年的研究显示在 CO_2 充足的条件下土壤潜在呼吸、反硝化酶活性、硝化酶活性与 CO_2 含量升高关系不大，但与植被变化相关，即年生和季生植物导致的土壤微生物过程的这些相对改变与微生物功能群的密度和多样性成负相关（Pinay, G., et al., 2007）。在湿润土壤条件下，地形控制和重力驱动营养物质的供给会增加反硝化率，反硝化率的空间差异性和反硝化酶含量主要受斜坡留下的土壤有机质和土壤水土条件的再分配、再积累所影响（Florinsky, I. V., et al., 2004）。土壤湿度和反硝化酶活性呈显著相关（Ambus, P., 1993），反硝化作用在 WFPS > 60% 时显著，在 WFPS > 80% 时反硝化作用受 O_2 扩散被 N_2O 作为电子受体、N_2O 被还原成 N_2（Stursova, M., et al., 2008），不同季节的土壤水分含量对反硝化作用有重要影响（Luo, J. et al., 1999），野外反硝化菌群与土壤质地和排水状况以及土壤呼吸和含水量相关（Barton, L., et al., 2000）。Bernal 等人认为硝酸盐和有机质 C 都不是主要的反硝化限制因素，夏季，整个土壤剖面上湿度限制了反硝化作用，高矿化速率带来高 N 元素含量增加；冬季，厌氧性环境更有利于反硝化细菌生长，潜在反硝化作用在土壤厚度小于 30 cm 的土层中较强（Bernal, S., et al., 2007）。潜在的反硝化作用与许多土壤特性相关，包括 pH、微生物量和脱氢酶活性（Šimek, M., et al., 2000）。呼吸作用和潜在反硝化作用对火烧过程会立即响应并在火烧后增加，但火烧过程对土壤微生物功能的影响是暂时性的（Andersson, M., et al., 2004）。

2.2.4　反硝化作用对气态 N 元素流失的指示性

　　反硝化功能群落的生理基础组成不同会潜在的影响 N_2O 排放
（Cavigelli, M. A., et al., 2001），McLain 与 Martens 对美国西南部
土壤的研究表明，N_2O 排放是厌氧性反硝化菌导致的，异养 N 元素
循环可能是大多数原位 N 元素转化和 N_2O 产生的主要过程
（McLain, J. E. T., et al., 2006）。反硝化作用对 N 循环的贡献归结
于反硝化菌群的大小，反硝化酶活性能反映采样时样品中具有反硝
化能力菌群的酶的丰度，因此可通过反硝化酶活性间接地测定反硝
化作用（Smith, M. S., et al., 1979）。有研究显示反硝化酶具有高
度的稳定性，其酶活性的季节和空间变化只有 10%～26%（Ambus,
P., 1993），不同植被类型下反硝化种群均表现出对环境改变的缓冲
（Boyle, S. A., et al., 2006）。反硝化酶活性是否能作为气态 N 元
素流失率的指示器，不同的研究者得出了不同的结论，Tiedje 等人
（Tiedje, J. M., et al., 1989）在对北方温带森林土壤的研究中发现
反硝化酶活性、反硝化酶活性/土壤微生物量 C 比值占年反硝化作用
引起的 N 元素流失的 96%，认为反硝化酶活性/土壤微生物量 C 比
值的差异表明生物体的反硝化能力有优先选择性，反硝化酶活性与
自然释放的气态 N 元素相关，是土壤微生物群落反硝化能力的指示
器（Tiedje, J. M., et al., 1989）；Wigand 等人（Wigand, C., et al.,
2004）也将反硝化酶活性作为盐沼土壤反硝化菌菌群数量的指示因
子。然而，其他尝试未能建立起这种相关性，主要是由于反硝化作
用在景观范围高度的时空异质性，Griffiths 等人（Griffiths, R.P. et
al., 1998）的研究显示反硝化酶活性通常与潜在呼吸、厌氧性 N
元素矿化或者可交换铵盐的相关性不好，但与潜在硝化作用相关性
较好。Billings 等人（Billings, S. A., et al., 2002）认为高潜在反
硝化酶活性并不诱导增大 N_2O 的通量，Veldkamp 等人（Veldkamp,

E.，et al.，1999）研究也显示反硝化酶活性与可利用 N 元素相关性不大，N_2O、NO 与 N 元素循环指数无显著相关性，认为可能与抽样偏差、当地气候条件有关。Šimek 等人（Simek，M.，et al.，2004）的研究结果也显示反硝化酶活性与 N_2O 通量无显著相关性，认为潜在反硝化作用不能较好地预测 N_2O 通量，但如果有典型的、大的土壤样本，反硝化酶活性可以作为 N_2O 通量的预测器。反硝化酶活性和潜在反硝化作用是否能作为石漠化地区 N_2O 通量的指示器尚未明确，对退化生态系统恢复、重建的不同阶段气态 N 元素流失差异及其机理的研究也较少。

2.3　基于生物学指标的土壤质量评价

土壤质量的概念来源于 20 世纪 80 年代西方发达国家将全球粮食单产的下降归结于环境质量特别是土壤质量的下降，在 90 年代初明确提出了土壤质量的概念，但国内外关于土壤质量的看法各异，目前较为通用的概念是在生态系统边界内保持作物生产力、维持环境质量、促进动植物健康发展的能力（路鹏，等，2007）。土壤健康可简单定义为土壤作为一个动态生命系统具有的维持其功能的持续能力，土壤质量和土壤健康两者从时间尺度考虑，可以用前者描述较长时间尺度的"内在的"和"静态的"状况，用后者描述土壤短时期内"潜在的"和"动态的"状况，后者应主要集中在土壤的生物成分上（赵吉，2006）。一些低质量的土壤也可以认为是健康的，一类是处于演替初期的土壤或不利环境下的土壤如沙地、荒漠和极地土壤，该类土壤生物多样性和生物生产潜力低，但事实上它们处在自然的发展阶段，另一类是生态系统演替顶级的土壤，如热带雨林的高生物多样性和低肥力情况；而受生态破坏等的土壤如荒漠化、石漠化的土壤则处于非健康的环境（赵吉，2006）。

以往的研究一直将土壤理化性质作为表征土壤生产力、肥力和健康质量的指标，传统的理化指标已难以满足对土壤健康质量研究的需要，土壤生物学性质能敏感地反映出土壤质量和健康的变化，近年来越来越受到重视，是土壤质量及其生态功能的重要指标（赵中秋，等，2006；孙波，等，1997；路鹏，等，2007）。将"生物参数作为土壤质量评价的指标"的中英联合研讨会于2007年10月在北京召开，就土壤质量概念、中国及欧洲的土壤质量问题、土壤生物参数在评价土壤质量上的应用及问题等展开了研讨（林启美，2008）。生物学指标包括土壤上生长的植物、土壤动物、土壤微生物等，其中应用最多的是土壤微生物指标。土壤微生物（包括微生物生物量、土壤呼吸等）是土壤质量变化最敏感的指标，其研究分为3个层次：种群层次、群落层次、生态系统层次，生态系统层次的研究被认为是最好的快速评价土壤质量变化的可能方法，因土壤生态系统的功能主要由土壤微生物机制所控制。土壤微生物量曾被看作是土壤中所有有机物必定最后通过的"针眼"和其转化的重要驱动者，土壤中的微小变动均会引起土壤微生物多样性变化，尽管土壤微生物对土壤变化高度敏感，但土壤微生物成分仍经常被忽视。土壤酶活性作为农业管理实践中土壤质量演变的生物活性指标已被广泛接受，能够反映出土壤质量在时间序列或各种不同条件下的变化，其测定值能合理估测某一个时刻土壤质量的状况，因而将土壤酶活性作为土壤环境质量的整合生物活性指标能一定程度上反映土壤生物学状况，Ajwa等人（Ajwa, H. A., et al., 1999）认为微生物量和土壤酶活性可以被用作生态稳定的灵敏指示物。有研究表明土壤微生物量、土壤酶活性、土壤生化作用强度均随喀斯特土壤退化程度的加剧而降低（赵中秋，等，2006），土壤生物参数将很有潜力成为土壤生态系统变化的预警及敏感指标（范燕敏，等，2009；易泽夫，等，2006；任天志，等，2000）。

Doran和Safley指出生物指标应当满足下列标准：① 反映土壤生态过程的结构或功能，同时适用于所有土壤类型和地貌特点；② 对土壤健康变化做出反应；③ 有可行的度量测定方法；④ 能够进行合理的解释。同时还需要考虑该指标对人为活动和环境胁迫是否敏感（Doran，J. W.，et al.，1997）。通过分析，一些研究者认为，微生物生物量、土壤呼吸及其衍生指数、土壤微生物功能组、微生物群体结构及功能多样性等均可看作目前具有潜力的微生物指标，Sparling认为生物指标包括 N 矿化、微生物生物量、微生物生物量/总 C、土壤呼吸、土壤呼吸/微生物生物量、动物种群、凋落物分解的比例等（Sparling，G. P.，1997）。赵吉提出土壤健康评价的体系主要包括生物量、活性、多样性和功能性 4 个方面的土壤生物学质量内容（赵吉，2006），如表 2-2 所示。

表 2-2　土壤健康评价的生物学监测一览表（引自赵吉，2006）

指标体系	评价类别	生物学质量指标或参数	监测内容及说明	方法或意义	评价性
生物量	生态肥力（库）	总生物量	MB，土壤微生物/土壤动物/植物	绝对/相对量	中
		生物量 C	C_{bio}，有机组分直接测定（CFEM）	ISO-14240-2	高
		总有机 C	C_{org}，土壤有机物质含量	标准氧化法	高
		可溶性 C	C_{ext}，易被矿化的土壤有效态基质	标准浸提法	高
活性	生物活性（流）	原位呼吸量	C_{SR}，原位的群落总代谢活性	C 通量测定	中
		基础呼吸量	C_{BR}，无外源有机底物的呼吸速率	标准条件下	高
		潜在呼吸量	C_{PR}，添加有机底物的诱导呼吸速率	ISO-14240-1	高
		酶活性	参与物质转化的不同酶类	酶活性指数	中
		基质利用性	生理学方法；潜在矿化 N	BIOLOG	低
多样性	群落结构	微生物类群	细菌/放线菌/真菌/藻类/菌根菌	生物鉴定	中
		动物类群	原生动物/线虫/节肢动物等	类群分离	中
		系统演化	古菌、细菌和真核生物三域	系统分类	低
		群落分析	FISH、PLFA、FAME、PCR-DGGE	指纹图谱	中

续表 2-2

指标体系	评价类别	生物学质量指标或参数	监测内容及说明	方法或意义	评价性
功能性	生态生理或代谢功能	基础呼吸熵	C_{BR}/C_{bio}，即代谢熵 qCO_2，胁迫相关	评价参数	高
		潜在呼吸熵	C_{PR}/C_{bio}，诱导的活性潜势	评价参数	高
		呼吸活化熵	C_{BR}/C_{BR}，与系统恢复有关	评价参数	高
		基质矿化熵	C_{ext}/C_{bio}，与矿化活性有关	评价参数	高
		腐殖化效率	C_{ext}/C_{BR}，与腐殖化有关	评价参数	高
		微生物熵	C_{bio}/C_{org}，与基质有关	评价参数	中
		生物功能群	硝化/反硝化/分解者/固氮菌	分类鉴定	中
		功能性基因	烃类等降解基因，基于 PCR 的方法	AFDRA 等	低

3 不同植被类型下土壤养分含量差异

3.1 结果与分析

3.1.1 土壤有机碳、全氮含量差异

喀斯特生态环境脆弱，对喀斯特山区土壤营养元素含量的研究可为其生态系统的保护提供参考。土壤有机质（Soil Organic Matter，SOM）是指通过微生物作用所形成的腐殖质、动植物残体和微生物体的合称，其中的碳元素含量即为土壤有机碳（SOC）。土壤有机碳根据微生物可利用程度分为易分解有机碳，难分解有机碳和惰性有机碳。易分解有机碳有较高的生物利用率与损失率，难分解有机碳则有较高的残留率，一般占土壤有机质的 60%~80%，且有相当多的部分参加到腐殖质的形成过程中去。土壤全氮含量是土壤中各种形态氮元素含量之和，包括有机态氮和无机态氮，不包括土壤空气中的分子态氮及气态氮化物；对于耕种土壤来说，土壤全氮含量还取决于利用方式、轮作方式、施肥方式以及耕作和灌溉方式等，此外土壤侵蚀对于土壤全氮含量也有强烈的影响。

表 3-1 给出了研究区域不同植被类型下不同季节表层土壤养分含量。由表 3-1 可知，研究区域土壤有机碳含量的变幅为 26.8~57.9 g · kg^{-1}，同种植被类型不同季节间的变异系数为 11.7%~18.4%，不同植被类型间的变异系数为 24.0%；土壤全氮含量为 2.5~

$5.0\,g\cdot kg^{-1}$，相同植被类型不同季节间的变异系数为 11.4%～17.1%，不同植被类型之间的变异系数为 23.0%，植被间差异较大。

表 3-1　不同植被类型下不同季节的土壤养分条件

植被类型	季节	土壤温度/℃	土壤含量/%	有机碳/g·kg⁻¹	有机质/g·kg⁻¹	全氮/g·kg⁻¹	有机碳/全氮
农田	春	15.5	24.8	34.8	60.0	3.6	11.4
	夏	23.4	21.2	34.6	59.7	2.7	15.1
	秋	17.9	24.0	26.8	46.3	2.5	12.4
	冬	7.6	20.9	31.3	54.0	2.6	14.0
	年均	16.1a	22.7a	31.9a	55.0a	2.9a	13.2
灌丛	春	15.6	35.3	57.4	98.9	4.6	14.5
	夏	23.7	28.5	45.4	78.3	3.8	13.8
	秋	20.0	27.8	44.7	77.1	3.5	15.01
	冬	10.3	30.5	57.9	99.8	5.0	13.7
	年均	17.4a	30.5b	51.4b	88.5b	4.2b	14.3
女贞林	春	16.6	27.6	35.1	60.4	3.4	12.1
	夏	23.8	27.4	45.3	78.0	4.1	13.0
	秋	20.7	25.7	52.1	89.8	4.2	14.3
	冬	9.3	36.9	54.1	93.2	4.7	13.4
	年均	17.6a	29.4b	46.7b	80.4b	4.1b	13.2
马尾松林	春	13.8	25.0	29.1	50.1	2.7	12.5
	夏	21.7	26.5	40.1	69.1	3.4	13.9
	秋	18.3	22.5	42.1	72.5	3.0	16.3
	冬	9.2	21.5	33.1	57.0	2.6	14.6
	年均	16.7a	26.6a	36.1a	62.2a	2.9a	14.3

注：*同一列不同小写字母表示样地间差异显著。

对贵州其他地区的研究显示，不同植被类型下土壤有机质含量范围为 87.9～198.8 g·kg^{-1}（阔叶林地）、32.8～147.5 g·kg^{-1}（灌木林地）、38.1～84.3 g·kg^{-1}（灌丛草地）和 17.4～33.9 g·kg^{-1}（稀疏草地）（王世杰，等，2007）；研究区域次生林土壤有机质含量则介于 50.1～99.8 g·kg^{-1}（表 3-1），表现为灌丛、人工林高于农田，人工阔叶林高于人工针叶林。灌丛土壤有机质含量（78.3～99.8 g·kg^{-1}）略高于贵州其他地区的灌丛草地，在灌木林地的含量范围内。对茂兰原始森林土壤有机碳的研究显示，其含量范围为 40.1～203.5 g·kg^{-1}（王世杰，等，2007），明显高于研究区域。喀斯特原生林内润湿、富钙的土壤环境，强烈的微生物活动使有机物质不断降解，形成腐殖质，石灰土多分布于坡面地表，不同部位、不同微地域形态内土壤遭受侵蚀的程度不同，使其土壤有机碳具有高度的变异性（刘丛强，等，2009）。与同样发育于贵州石灰岩的棕黄壤玉米地（张平究，2006）相比，研究区为农田（玉米地）的有机 C 和全 N 含量均高于棕黄壤（有机 C 和全 N 分别为21.0 g·kg^{-1} 和 0.9 g·kg^{-1}），也表明石灰土上的玉米地土壤养分含量较棕黄壤丰富。

总的来说，研究区域土壤养分含量按灌丛→女贞林→马尾松林→农田的顺序依次降低，LSD 最小显著差法分析结果表明，农田、马尾松林与灌丛、女贞林差异显著，农田和马尾松林之间无显著差异。土壤中有机碳与全氮具有一定的比例关系，其比值多介于10∶1～28∶1，与土壤利用方式、土壤耕作、施肥及土壤性质等有密切关系，能反映土壤有机碳的累积与分解状况。研究区域土壤有机碳/全氮的比值较低（＜15∶1），表现为土壤有机碳的损失。

3.1.2　土壤温度和水分条件

土壤水分和土壤肥力是喀斯特地区土壤退化的关键因子，其退化是由植被破坏和退化所致，而土壤水分和养分又是影响植被生长最重要的两个因子（赵中秋，等，2006）。由表 3-1 可知，供试土壤含水量变化范围为 20.9%～36.9%，2008 年夏季至次年春季土壤含水量依次为：夏季 25.9%、秋季 25.0%、冬季 27.5%、春季 28.2%，LSD 多重比较结果显示其季节差异不显著。土壤温度变化范围为 2.1～25.8 ℃，季节均值依次为：夏季 23.1 ℃、秋季 19.2 ℃、冬季 9.1 ℃、春季 15.4 ℃，LSD 多重比较结果显示其季节差异显著，夏秋季高于冬春季，2008 年 8 月测到最高土温 24.3 ℃，2009 年 1 月测到最低土温 3.8 ℃。农田、灌丛、女贞林和马尾松林土壤 WFPS 分别为 (48.9 ± 14.6)%、(60.1 ± 15.1)%、(61.1 ± 16.7)% 和 (72.6 ± 13.9)%，其 pH 分别为 7.2 ± 0.4、6.7 ± 0.2、6.5 ± 0.6 和 6.0 ± 0.4。

3.1.3　土壤无机 N 及 N 循环速率的变化

植物较易吸收、利用土壤有效 N（NH_4^+-N 和 NO_3^--N），对贵阳市花溪区石灰岩和石灰土的研究表明，有林地的有机质、全氮含量高于无林地，但其 N 元素有效率很低，速效 N 仅占全氮含量的 0.47%～1.18%（宁晓波，等，2009）。可利用 N 限制了 N 利用的有效性，直接影响陆地生态系统净初级生产力（Yu, Z. Y., et al., 2008）。

3.1.3.1　农田土壤无机 N 及 N 循环速率的变化

表 3-2 给出了农田有效 N 及 N 循环速率的年均值和季节变化，对土壤无机 N 及其转化的分析有利于进一步了解养分循环状况。由表 3-2 可知，土壤 NH_4^+-N 年均含量为 1.35 mg·kg^{-1}，年变化差异较大，春季明显较高；土壤 NO_3^--N 年均值为 11.07 mg N·kg^{-1}，年变幅为 2.76～25.85 mg·kg^{-1}，与 NH_4^+-N 含量的季节变化一致，春季高夏季低，说明农业活动（播种、施肥等）增加了春季农田的无机 N，尤其是 NO_3^--N 含量，夏季作物生长则摄取了土壤中较多的无机 N。由图 3-1 也可明显看出，2～5 月的农业活动对无机 N 库的影响显著。农田 NH_4^+-N 含量低于 NO_3^--N 含量，农业活动（施肥等）是重要的影响因

素，Rothstein 和 Cregg 认为，新扰动过的土壤或者农业土壤中表现出的 NH_4^+ 缺乏是由高硝化率所致（Rothstein，D. E.，et al.，2005）。

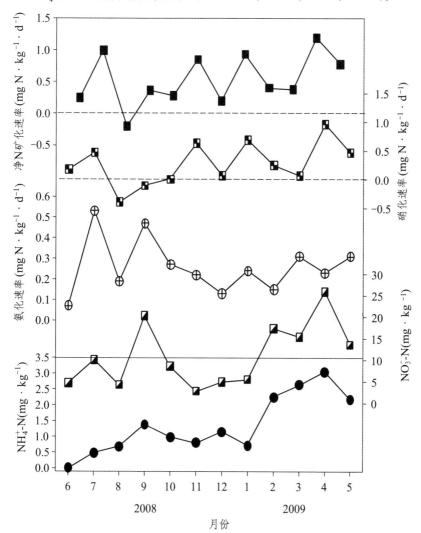

图 3-1　农田无机 N 含量及 N 循环速率的变化

注：图中虚线代表正负。

表 3-2　农田无机 N 及 N 循环速率的变化

项　目	年均值	标准偏差	变异系数	春	夏	秋	冬
$NH_4^+ - N /mg \cdot kg^{-1}$	1.35	0.95	70%	2.62	0.38	1.05	1.36
$NO_3^- - N /mg \cdot kg^{-1}$	11.07	7.40	67%	18.29	6.25	10.54	9.18
氨化速率 /mg N $\cdot kg^{-1} \cdot d^{-1}$	0.26	0.13	50%	0.28	0.26	0.32	0.17
硝化速率 /mg N $\cdot kg^{-1} \cdot d^{-1}$	0.27	0.38	141%	0.49	0.08	0.17	0.33
净 N 矿化速率 /mg N $\cdot kg^{-1} \cdot d^{-1}$	0.53	0.41	77%	0.78	0.34	0.49	0.51

农田年均净 N 矿化速率为 0.53 ± 0.41 mg N $\cdot kg^{-1} \cdot d^{-1}$，农业活动中收获残余物能有效保存 N 元素，残渣还田有利于提高 N 元素供应（O'Connell，A. M.，et al.，2004），春季生产力明显高于其他季节，夏季最低。作物生长季节出现的低硝化速率导致低净 N 矿化速率，与农业活动中尿素肥料的施用、玉米优先摄取 $NO_3^- - N$ 有关。由表 3-2 可知，土壤硝化速率的变异性高达 141%，离散程度高，可能是农业土壤生境空间变异性的重要原因之一。由图 3-1 可知，硝化速率在 8 月和 9 月出现负值，净 N 矿化速率在 8 月也呈负值，8 月无机 N 库和 N 循环速率均较低。

3.1.3.2　灌丛土壤无机 N 及 N 循环速率的变化

图 3-2 和表 3-3 给出了灌丛土壤有效 N 及 N 循环速率的变化。由图 3-2 可知，4 月灌丛土壤 N 转化速率出现峰值，5 月无机 N 含量较高，7 月 $NO_3^- - N$ 含量、N 转化速率高，9 月除硝化速率外，无

机 N 含量和 N 循环速率均出现峰值，即 N 循环速率主要有 3 个高峰期：4 月、7 月和 9 月。

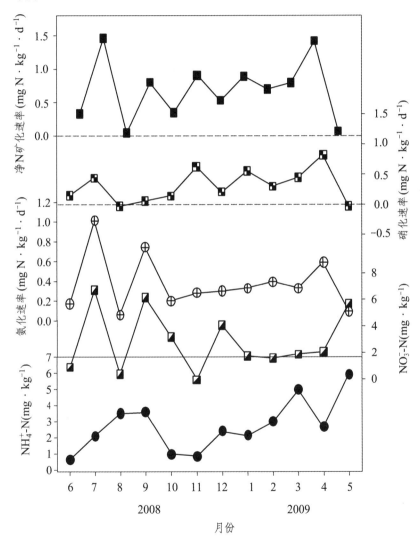

图 3-2　灌丛土壤无机 N 含量及 N 循环速率的变化

注：图中虚线代表正负。

表 3-3　灌丛土壤无机 N 及 N 循环速率的变化

项　目	年均值	标准偏差	变异系数	春	夏	秋	冬
$NH_4^+ - N /mg \cdot kg^{-1}$	2.78	1.61	58%	4.58	2.15	1.85	2.56
$NO_3^- - N /mg \cdot kg^{-1}$	2.90	2.30	79%	3.24	2.71	3.14	2.53
氨化速率 /mg N $\cdot kg^{-1} \cdot d^{-1}$	0.38	0.28	74%	0.35	0.42	0.42	0.35
硝化速率 /mg N $\cdot kg^{-1} \cdot d^{-1}$	0.32	0.27	84%	0.42	0.20	0.29	0.36
净 N 矿化速率 /mg N $\cdot kg^{-1} \cdot d^{-1}$	0.70	0.46	66%	0.77	0.62	0.70	0.72

由表 3-3 可知，土壤 $NH_4^+ - N$、$NO_3^- - N$ 年均含量分别为(2.78 ± 1.61)、(2.90 ± 2.30) mg·kg^{-1}，$NO_3^- - N$ 的变异率较高，离散程度大；土壤无机 N 库春季较高。灌丛土壤氨化速率略高于硝化速率，年均净 N 矿化速率为(0.70 ± 0.46) mg N·kg^{-1}·d^{-1}，N 循环速率高于农田。

3.1.3.3　人工林土壤无机 N 及 N 循环速率的变化

图 3-3 给出了人工林土壤无机 N 及 N 循环速率的变化。由图 3-3 可知，马尾松林土壤 $NH_4^+ - N$ 含量从 1 月至 9 月逐渐增高，9 月出现极大值，年均含量为 (3.20±2.50) mg·kg^{-1}，冬季最低。8 月土壤 N 循环速率均出现负值，9 月氨化速率、10 月硝化速率也分别出现负值。土壤氨化速率、硝化速率和净 N 矿化速率年均值分别为 (0.22 ± 0.22) mg N·kg^{-1}·d^{-1}、(0.15 ± 0.16) mg N·kg^{-1}·d^{-1}、(0.37 ± 0.29) mg N·kg^{-1}·d^{-1}，变异率依次为 100%、107% 和 78%。

由图 3-3 可知，女贞林在 4 月和 9 月出现两个较大的高峰值，年均含量为(4.60 ± 2.92) mg·kg^{-1}，春秋高于夏冬两季。1 月氨化速率、8 月和 9 月硝化速率也出现负值。土壤氨化速率、硝化速率和净 N 矿化速率年均值分别为(0.21 ± 0.22) mg N·kg^{-1}·d^{-1}、(0.28 ±

(0.30) mg N · kg^{-1} · d^{-1}、(0.49 ± 0.30) mg N · kg^{-1} · d^{-1}，变异率依次为 105%、107% 和 61%。

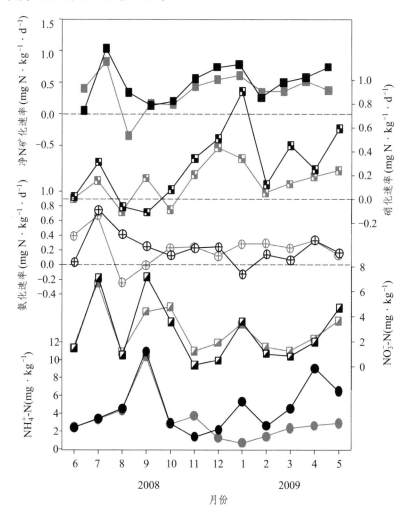

图 3-3　人工林土壤无机 N 含量及 N 循环速率的比较

注：图中虚线代表正负。其中黑色实线代表女贞林，灰色实线代表马尾松林。

女贞林和马尾松林土壤 NO$_3^-$-N 年均值分别为 (2.75 ±

2.48) mg·kg^{-1}、(2.86 ± 1.76) mg·kg^{-1}，由图 3-3 可知二者变化趋势较一致，夏秋高于冬春。人工林土壤 NH_4^+-N 含量高于 NO_3^--N 含量，夏季氨化速率较快，硝化速率低，氨化速率和硝化速率离散程度高，时空变异大，净 N 矿化速率则表现为春冬两季高于夏秋两季。

3.1.4　不同植被类型下土壤无机 N 含量的差异

研究区域土壤 NH_4^+-N 年变异较大，由图 3-4 可知，NH_4^+-N 年均含量依次为女贞林>马尾松林>灌丛>农田，人工林高于自然恢复

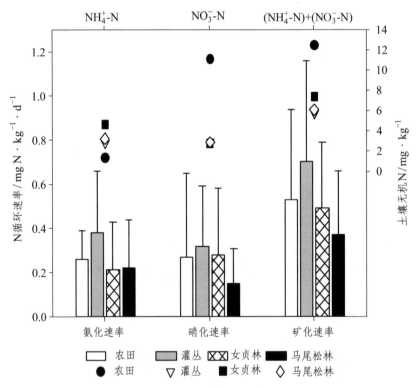

图 3-4　不同植被类型下土壤无机 N 及 N 循环速率的差异

的灌丛，次生林高于农田，除马尾松林外，各样点土壤 NH_4^+-N 含量均表现为春季较高。次生林土壤 NO_3^--N 含量在 $0 \sim 7.19$ mg·kg^{-1} 波动，年均值相近，农田 NO_3^--N 含量则显著高于次生林，年均值约为次生林的 4 倍。

灌丛和农田 NH_4^+-N 含量低于 NO_3^--N 含量，农业活动（施肥等）是重要的影响因素,高硝化率会导致新扰动过的土壤或者农业土壤中表现出 NH_4^+ 缺乏；与灌丛和农田相反，人工林土壤 NH_4^+-N 含量高于 NO_3^--N 含量。不同植被类型下土壤无机 N 库（$(NH_4^+$-N$)$+$(NO_3^-$-N$)$）年均含量依次为农田>女贞林>马尾松林>灌丛（图 3-4），农业活动（施肥等）使农田无机 N 含量显著高于其他植被类型。由表 3-2、表 3-3 和图 3-3 可知，不同植被类型下土壤有效 N 的变异系数介于 $58\% \sim 90\%$,说明不同生境下土壤可利用 N 具有高度的空间变异性，农田有效态 N 含量显著高于次生林，人工林高于自然恢复的灌丛。

3.1.5 不同植被类型下土壤 N 循环速率的差异

土壤 N 元素转化过程中，从分子态 N 的固定、有机 N 的分解与矿化，到氨态 N 的硝化、反硝化，以至 N 被淋溶或挥发，从土壤中流失的过程，都是在土壤微生物积极参与下进行的。在大多数的陆地生态系统中，N 虽然控制着植物的生长过程，但整个系统的生产能力也取决于微生物转化能被植物吸收的有效 N 的速率，植物吸收利用的 N 元素大部分来自于土壤有机物所矿化的 N。因此对 N 矿化速率的研究对揭示生态系统功能、生物地球化学循环过程的本质具有重要意义（周志华，等，2004）。氨化微生物是土壤中最常见的优势微生物，许多细菌、真菌和放线菌都具有强烈分解蛋白质、氨基酸而产生氨的能力，大多数森林生态系统植物可利用 N 来源于氨化作用。图 3-4 给出了不同植被类型下土壤无机 N 及 N 循环速率的差异。由表 3-2、表 3-3、图 3-3 和图 3-4 可知，研究区域内土壤氨化速率的年均值为 $0.21 \sim 0.38$ mg·kg^{-1}·d^{-1}，灌丛>农田>马尾松林>

女贞林；马尾松林土壤年均硝化速率最低（< 0.2 mg N·kg^{-1}·d^{-1}），其他样点年均值介于 $0.15 \sim 0.32$ mg N·kg^{-1}·d^{-1}，表现为灌丛>女贞林>农田>马尾松林，年变异较大。

年均净 N 矿化速率表现为灌丛>农田>女贞林>马尾松林，灌丛土壤无机 N 含量在 4 种植被类型中最低，但高净 N 矿化速率表明灌丛生产力高于人工林，N 元素循环速率快。不同植被类型下土壤 N 矿化速率的变异性较高，人工林的氨化、硝化速率的变异系数均高于 100%，说明人工林中二者的离散程度非常高，可能是林下生境空间变异性的重要原因之一。

3.2　小　结

（1）研究区域土壤含水量的季节差异不显著，土壤温度的季节差异显著；土壤有机碳含量明显低于茂兰原始森林，表现为土壤有机碳的损失。研究区域土壤养分含量依次为灌丛 > 女贞林 > 马尾松林 > 农田。

（2）农田（玉米地）土壤养分高于棕黄壤的玉米地，作物生长季节出现的低硝化速率导致其低净 N 矿化速率，播种、施肥等增加了春季无机 N 尤其是 $NO_3^- - N$ 含量。

（3）灌丛土壤无机 N 含量在春季较高，覆被率低、雨热同季、斜坡条件都使得夏秋季节灌丛土壤水分较易随斜坡流失。N 循环速率主要在 4 月、7 月和 9 月出现高峰值。灌丛土壤无机 N 含量最低，但其 N 元素循环速率最快，生产力高于人工林，且自发恢复比农业耕作更利于土壤有机质的积累。

（4）人工林土壤 $NH_4^+ - N$ 含量高于 $NO_3^- - N$ 含量，女贞林土壤 N 循环速率、林地生产力高于马尾松林，马尾松林枯落物分解缓慢，有机质积累过程长。

4 不同植被类型下土壤微生物活性的差异

氮（N）以无机盐形式被吸收，以氧化还原形式循环，是目前我们研究最清楚却最复杂的无机循环，N 循环的 8 个环节中有 6 个只能通过微生物才能进行，因此，可认为微生物是自然界 N 循环的核心生物（周德庆，2002）。

4.1 结果与分析

4.1.1 不同植被类型下土壤微生物活性的变化

4.1.1.1 农田土壤微生物量（SMB）及微生物呼吸（MR）的变化

微生物量常被用于评价土壤的生物学性状，因其能够代表参与调控土壤中能量和养分循环以及有机物质转化的对应微生物的数量，与土壤有机质含量密切相关，且 SMBC 或 SMBN 转化迅速，能在检测到土壤总 C 或总 N 变化之前表现出较大的差异，是更具敏感性的土壤质量指标（易泽夫，等，2006）。

图 4-1 给出了农田 SMB、MR 的变化情况。由图 4-1 可知，农田 SMB 的年变幅为 $6.30 \sim 28.10 \triangle \times 10^{-3} \cdot g^{-1}$，年均值为(15.79 $\pm$

6.37)△ × 10^{-3} · g^{-1}，从 1 ~ 4 月 SMB 逐渐增高，翻耕和施肥等农业活动能短暂地增大土壤微生物群落；5 月野外观测到约 20 cm 高的玉米苗和豆苗，SMB 出现极低值，说明作物生长与微生物群落增长之间产生了竞争，微生物的矿化作用大于固定化；10 月后 SMB 逐渐降低。

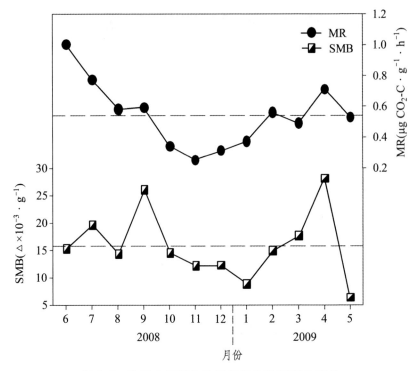

图 4-1 农田土壤微生物量与微生物呼吸的变化

注：图中虚线为平均数。

SMB 的季节均值分别为：春季 17.33△ × 10^{-3} · g^{-1}、夏季 16.33△ × 10^{-3} · g^{-1}、秋季 17.57△ × 10^{-3} · g^{-1}、冬季 11.93△ × 10^{-3} · g^{-1}，LSD 最小差法分析结果表明 SMB 的季节差异不显著。

土壤微生物呼吸是指示土壤微生物活性的重要参数，常用于判断土壤有机残体的分解速度和强度。农田 MR 年均值为(0.54 ±

0.22) μg CO_2-C · g^{-1} · h^{-1}，由图 4-1 可知，受人类活动影响的月份（1~9 月）大致呈折线波动并逐渐升高，夏初（6 月）达到极大值，10 月后 MR 明显降低。

其季节均值依次为：春季 0.58 μg CO_2-C · g^{-1} · h^{-1}、夏季 0.78 μg CO_2-C · g^{-1} · h^{-1}、秋季 0.39 μg CO_2-C g^{-1} · h^{-1}、冬季 0.41 μg CO_2-C · g^{-1} · h^{-1}。LSD 最小显著差法分析结果表明，夏季与秋冬两季差异显著。

4.1.1.2 灌丛土壤微生物活性的变化

图 4-2 给出了灌丛土壤微生物量与微生物呼吸的变化情况。由图 4-2 可知，灌丛土壤 SMB 的年变幅为 22.5~51.8 △×10^{-3} · g^{-1}，年均

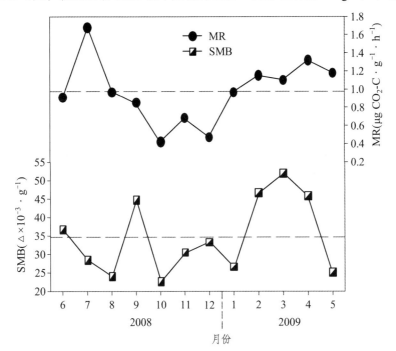

图 4-2 灌丛土壤微生物量与微生物呼吸的变化

注：图中虚线为平均数。

值为$(34.58 \pm 10.21) \triangle \times 10^{-3} \cdot g^{-1}$，是农田的 2.2 倍。$2 \sim 4$ 月及 9 月灌丛 SMB 高，冬春两季高于夏秋两季，雨季灌丛 SMB 低，可能与其植被状况、立地条件等有关，雨季集中的降水使得土壤养分易随斜坡流失，不利于微生物群落的繁殖，低地表覆盖度和冬季低温使得灌丛土壤微生物因细胞破坏而死亡，春季气温回升则有利于微生物群落增长，土壤 SMB 升高。尽管存在一些季节差异，LSD 最小显著差法结果表明，灌丛 SMB 的季节变化不显著。

灌丛土壤 MR 年均值为$(0.98 \pm 0.35) \mu g\ CO_2\text{-}C \cdot g^{-1} \cdot h^{-1}$，是农田的 1.8 倍，其季节变化趋势与农田基本一致，由图 4-2 可知，$1 \sim$ 8 月 MR 在均值线上呈折线波动，9 月后逐渐降低，10 月出现极低值 $0.42\ \mu g\ CO_2\text{-}C \cdot g^{-1} \cdot h^{-1}$，春夏季高于秋冬季，秋季最低。LSD 最小显著差法分析结果表明，春秋两季差异显著。

4.1.1.3　人工林土壤微生物活性的变化

图 4-3 给出了人工林土壤微生物生物量和微生物呼吸的变化情况。由图 4-3 可知，女贞林和马尾松林 SMB 的年变幅分别为 $12.7 \sim$ 32.8、$8.1 \sim 39.2 \triangle \times 10^{-3} \cdot g^{-1}$，其年均值分别为$(20.94 \pm 6.14)$、$(20.45 \pm 9.71) \triangle \times 10^{-3} \cdot g^{-1}$，女贞林极大值出现在 6 月（$28.4 \triangle \times 10^{-3} \cdot g^{-1}$），马尾松林极大值出现在 7 月（$39.2 \triangle \times 10^{-3} \cdot g^{-1}$）。LSD 最小差法分析结果显示，马尾松林夏季与春冬两季、冬季与夏秋两季有显著性差异，女贞林的季节变化不显著。

Saynes 等人认为微生物量与降雨季节性变化相反，演替晚期森林和原始森林在雨季开始时表现出微生物量的最低值，而演替早期和中期森林却表现出最高值（Saynes, et al., 2005）。贵州的雨季主要集中在夏秋两季，花江喀斯特退化植被的研究也显示，雨季 SMB 较高（夏秋季显著高于春冬季）（魏媛，等，2008）。研究区域人工林微生物量也有相似结果，雨热同季使得植物根系和微生物生长旺盛，能够提供较多有机物，将 SMB 维持在一个较高水平，秋季枯落物的增加有利于土壤有机质的积累,土壤微生物可利用基质增加,土壤养分的转化和循环加快,从而满足了植物生长需求,表现为土壤微生物对土壤养分库的调节作用。

由图 4-3 可知,女贞林和马尾松林 MR 年均值分别为(0.83 ± 0.41)、(0.96 ± 0.32) μg CO_2-C·g^{-1}·h^{-1},女贞林 MR 在 2 月和 7 月出现高峰值,8 月出现极低值,MR 表现为冬高夏低;马尾松林 MR 从 1 月至 5 月逐渐增强,5 月和 7 月出现高峰值,7 月后逐渐降低,表现为春夏季高于秋冬季,冬季最低。LSD 最小差法分析结果表明,人工林 MR 季节变化不显著。

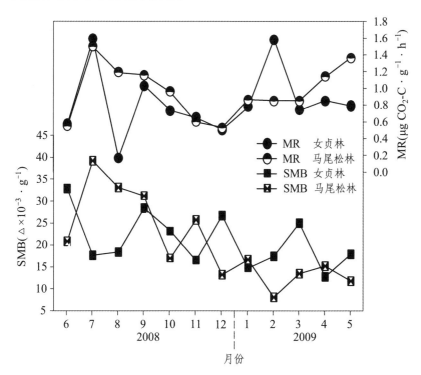

图 4-3　人工林土壤微生物量与微生物呼吸的变化

4.1.2　不同植被类型下土壤微生物活性的差异

4.1.2.1　土壤微生物量的差异

土壤微生物量与土壤有机质含量密切，图 4-4 和图 4-5 分别给出了采用回归模型计算前后 SMB、SMBC、SMBN 的箱图及季节变化情况。由图 4-4（a）可知，年均 SMB 从大到小依次为灌丛 > 女贞林 > 马尾松林 > 农田。LSD 最小显著差法结果表明，灌丛显著高于其他样地，可能与火烧后灰分沉积、根与微生物死亡、有机质 N 矿化增强等因素造成的 N 有效性增加以及斜坡条件有关（郭敛芬，等，2008）。此外，灌丛土壤浅表层有较多的根系及其分泌物，为土壤微生物提供了丰富的能源物质，光合作用产物主要集中在该区域，使得自发演替初期土壤有机质积累较快。灌丛样点也分布有 0～1 年生女贞，但 SMB 显著高于 10 年生女贞人工纯林，表明植被的自然恢复比种植人工纯林更适合喀斯特退化土壤的初期修复。

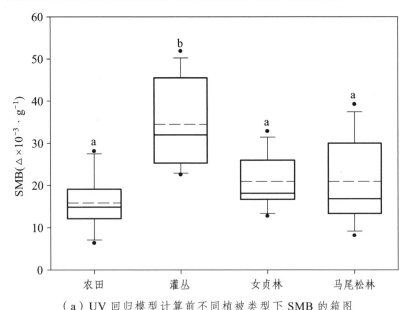

（a）UV 回归模型计算前不同植被类型下 SMB 的箱图

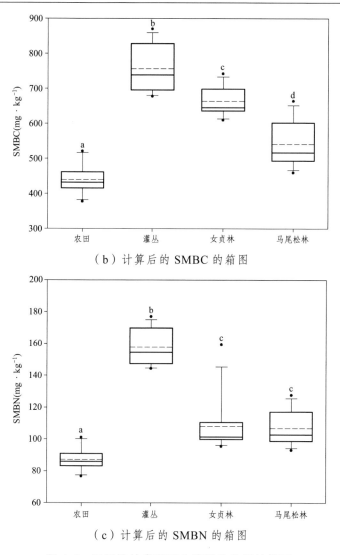

（b）计算后的 SMBC 的箱图

（c）计算后的 SMBN 的箱图

图 4-4　不同植被类型下土壤微生物量的箱图

注：① 箱体中的实线为中位数，虚线为平均数，箱体为四分位（箱体下端为
第二十五百分数，上端为第七十五百分数），两头伸出的线条表现极
端值（下同）；

② 不同小写字母表示在 0.05 水平上差异显著。

对太行山石灰岩山地的研究也表明，灌丛土壤微生物数量和微生物量均大大超过其他植被类型，落叶阔叶林和针阔混交林微生物量也高于针叶纯林和针叶混交林（杨喜田，等，2006）。林地土壤养分不断向地上部分输出则限制了土壤质量的迅速发展，凋落物的质量和数量是林地微生物生物量的决定因子（刘满强，等，2003）。马尾松林的枯落物分解缓慢，土壤有机质积累过程长，植物生长对土壤养分的吸收与微生物群落生长之间存在竞争作用，林木生长对养分的需求大于土壤微生物群落的转化能力，矿化作用高于固定化作用等可能是导致马尾松林 SMB 较低的原因。农田 SMB 低于次生林表明，农业活动对土壤微生物群落有一定的影响。

4.1.2.2　土壤微生物量季节变化的差异

在生态系统中土壤微生物量随季节性变化，与有机物的供应和植物生长状况及温度、湿度等环境因素有关。图 4-5 给出了研究区域不同植被类型下土壤 SMB、SMBC、SMBN 的季节变化。雨季人工林 SMB 高，秋季土壤养分的转化和循环加快，但灌丛 SMB 在雨季却较低，可能与其植被状况、立地条件等有关，雨季集中的降水使得土壤养分易随斜坡流失，低地表覆盖度和低温使得冬季灌丛土壤微生物因被细胞破坏而死亡，春季气温回升都有利于 SMB 升高。春季播种、施肥使得农田 SMB 均较高。由图 4-5（b）可知，模型校准后，4 块地的季节波动小于校准前，尽管存在一些季节差异，LSD 最小差法结果表明，校准前后除马尾松林夏季与春冬两季、冬季与夏秋两季有显著性差异外，其他样地季节变化均不显著。

土壤微生物体 N 能够表征土壤的供 N 能力，由公式（1-3）计算得出研究区域 SMBN 为 $(76.66 \sim 176.89)\ \mathrm{mg \cdot kg^{-1}}$，由图 4-5（c）可知，SMBN 与 SMB、SMBC 的趋势一致，林地高于农田，人工林与农田、灌丛差异显著，人工林之间无显著差异。SMBN 的季节变化与 SMB、SMBC 基本一致，李世清等人认为，微生物体 N 总的变化规律是夏季最高，秋季和春季次之，初冬居中，严冬最低，与

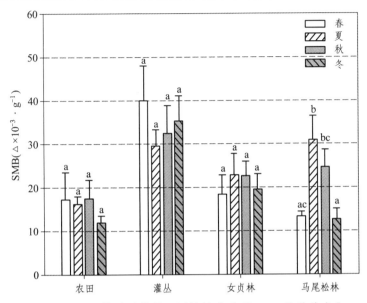

（a）UV 回归模型计算前不同植被类型下 SMB 的季节变化

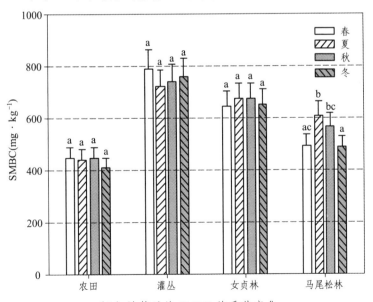

（b）计算后的 SMBC 的季节变化

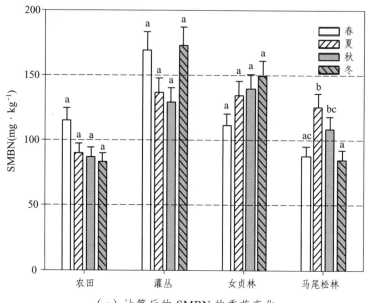

（c）计算后的 SMBN 的季节变化

图 4-5　不同植被类型下土壤微生物量的季节变化

注：*同一植被类型下不同小写字母表示在 0.05 水平上差异显著。

土壤温度极显著相关（李世清，等，2004），研究区域人工林土壤也体现了这一点；但农田和灌丛则由于农业活动、植被覆盖、立地条件等未表现出相同的趋势。

4.1.2.3　UV 回归模型在石漠化地区的适用性

由图 4-5（b）可知，采用 UV 回归模型计算后不同植被类型下 SMBC 的趋势与图 4-5（a）一致，灌丛 > 女贞林 > 马尾松林 > 农田，SMBC 的年均值依次为(756.40 ± 67.08)、(663.52 ± 40.34)、(540.43 ± 63.81)和(439.63 ± 41.86) mg·kg^{-1}。魏媛在贵州西南部花江喀斯特峡谷测得的 SMBC 的范围在 300 ~ 900 mg·kg^{-1}（魏媛，等，2008）；张平究对贵州棕黄壤不同退化程度 SMBC 的研究显示，其范围在 166 ~ 1 103 mg·kg^{-1}，自然森林最高，严重退化地最低（张平究，

2006）；云南石林喀斯特地区不同植被恢复下（稀草地→草地→灌丛→柏树林→乔木林）的研究表明，SMBC 的范围为 235～779 mg·kg^{-1}。因此，本研究认为熏蒸提取-UV$_{280\,nm}$ 校正模型计算出的 SMBC 能够用于西南喀斯特地区微生物生物量的研究。由图 4-5（b）可知，不同植被类型间 SMBC 差异显著，而校准前仅仅是灌丛与其他样地差异显著，表明有机质含量显著影响了 UV$_{280\,nm}$ 吸光度的增量，因此推荐用 UV 回归模型校正熏蒸-UV$_{280\,nm}$ 法快速测定石漠化地区微生物量。

4.1.2.4 土壤微生物呼吸与季节变化的差异

图 4-6 和图 4-7 分别给出了不同植被类型下土壤微生物呼吸的箱图和季节变化情况。由图 4-6 可知，农田与次生林差异显著，农

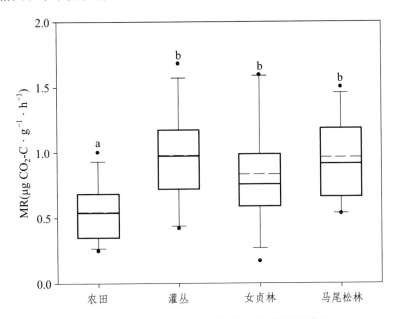

图 4-6 不同植被类型下土壤微生物呼吸的箱图

注：不同小写字母表示在 0.05 水平上差异显著。

田有机残体分解慢，可利用基质少，微生物群落相对较小。灌丛[(0.98 ± 0.35) μg CO$_2$-C·g^{-1}·h^{-1}]和马尾松林[(0.96 ± 0.32) μg CO$_2$-C·g^{-1}·h^{-1}]稍高于女贞林[(0.83 ± 0.41) μg CO$_2$-C·g^{-1}·h^{-1})，次生林之间无显著性差异。由图 4-7 可知，不同植被类型下 MR 有一定季节差异，但女贞林和马尾松林的季节变化不明显，与次生林相比，农田各季 MR 均值较低，在 0.39 ~ 0.78 μg CO$_2$-C·g^{-1}·h^{-1} 之间，植物地下部分 C 分配差异造成了土壤微生物呼吸的季节差异。

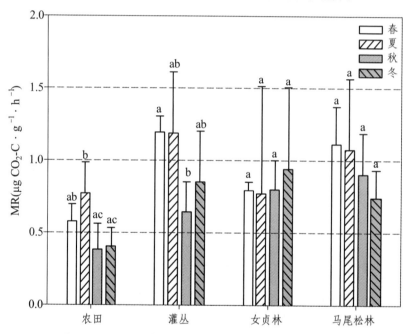

图 4-7　不同植被类型下土壤微生物呼吸的季节变化

注：同一植被类型下不同的小写字母表示在 0.05 水平上季节差异显著。

4.1.2.5　植被类型与季节变化对土壤微生物活性的影响

植被类型与季节变化对土壤微生物量及微生物呼吸的影响研究较多，季节变化主要通过温度和水分条件对土壤微生物过程产生影响（Piao, H. C., et al., 2000；Widén, B., 2002），而植被对土壤微生物过程的影响主要归因于枯落物和根系分泌物的质和量的差异（Augusto，L.，et al.，2002；Grayston，S. J.，et al.，1997），这种差异直接影响生态系统养分输入通量，因此，很大程度上植被对土壤微生物群落的影响是与土壤有机质的质量相联系的（Saetre，P.，et al.，2000）。

对退化喀斯特森林研究表明，不同植被类型下 SMBC 差异较大，乔木群落阶段高于灌木群落阶段和草本群落阶段，裸地阶段最低，即随着森林的正向演替，SMBC 逐渐增加（魏媛，等，2009）。有研究表明，随着植被恢复年限的增加 SMBC 也明显地增加，SMBN 则表现为在植被恢复的初期（3 年）略有下降之后出现明显增加（黄懿梅，等，2009）。但即使同种气候类型下二者对土壤微生物的影响也不尽相同，刘满强等人对喀斯特红壤的研究表明，植被和季节存在极显著交互作用，但季节的影响低于植被（刘满强，等，2003）。朴河春等人认为，喀斯特植物残体返还土壤的部分相当小，仅需考虑季节变化对土壤微生物的影响，并认为季节变化对喀斯特黄壤的土壤微生物影响明显（Piao，H. C.，et al.，2000）。何寻阳等人对广西喀斯特土壤的研究认为，植被类型和季节变化及其交互作用对微生物（细菌和真菌）种类均有显著影响，但季节变化对微生物代谢无显著影响（He，X. Y.，et al.，2008）。西双版纳季节沟谷雨林和石灰山季雨林的研究表明，SMBC 的波动周期比凋落量滞后，其季节变化受森林凋落量节律的影响（吴艺雪，等，2009）。王国兵等人将森林土壤微生物量的季节波动划为夏高冬低型、夏低冬高型和干-湿季节交替循环型 3 种主要模式，并将其归结为主要受土壤温度、湿度、季节干湿交替循环或植物的生长节律等的影响，认为应加强对森林土壤微生物量季节动态变化调控机理及其动态变化的研究（王国兵，等，2009）。

双因素方差分析采用 F 检验，包含两个控制变量，目的是分析控制变量、控制变量的交互作用及随机变量是否对观测变量产生了显著影响。为了分析植被类型（Vegetation）、季节变化（Season）及二者的交互作用（Vegetation*Season）是否对研究区域的土壤微生物活性产生显著影响及其原因，以植被类型和季节变化为控制变量进行双因素方差分析（Two-way ANOVA），分析结果如表 4-1 所示。由表 4-1 可知，植被类型影响下 SMBC 的均方差为 0.128，占总均方差的 96.2%，影响极显著；季节变化、植被与季节交互作用对 SMBC 的影响与植被类型的影响相比较小，方差贡献仅分别占 1.5%，可能与采样期间土壤含水量的季节变化不显著有关，但需要大量区域样本进一步证实。

植被类型通过凋落物的质量和数量对 MR 产生影响，植被类型影响下 MR 的均方差为 0.029，占总均方差的 58.0%，影响极显著。与植被类型的显著影响相比，季节变化对 MR 影响不显著，方差贡献为 22.0%；植被与季节交互作用的影响更小，方差贡献仅为 8.0%。MR 与土壤温度和含水量均无显著相关性，可能是季节变化、植被和季节的交互作用不显著的主要原因。

表 4-1　土壤微生物活性的双因素方差分析（Two-way ANOVA）

Source	df	SMB		MR	
		Mean Square	F	Mean quare	F
Vegetation	3	0.128	12.498**	0.029	4.895**
Season	3	0.002	0.983	0.011	1.855
Vegetation × Season	9	0.002	1.488	0.004	0.733
Error	32	0.001	—	0.006	—

注：**表示在 0.01 水平上影响显著。

4.1.3　不同植被类型下微生物功能性指标的比较

4.1.3.1　土壤微生物代谢熵及其季节变化的差异

表 4-2 给出了不同植被类型下土壤生物学活性指标的年均值。由表 4-2 可知，马尾松林土壤 qCO_2 与其他 3 个样地差异显著，其年

均值最高（1.78 mg·g^{-1}·h^{-1}），高的代谢熵反映了演替早期的扰动或演替后期营养限制而造成的胁迫，针叶林的枯落物有宿存特性（姜春前，等，2002），凋落晚、难贴地面及其分解缓慢常造成地力的衰退，土壤微生物维持本身生命所需的能量需求较大，构造微生物细胞的 C 的比例相对较小，植物摄取与微生物需求间存在竞争关系，土壤微生物通常生活在环境胁迫下。

表 4-2　不同植被类型下土壤生物学活性指标的年均值

样地	SMBC /mg·kg^{-1}	SMBN /mg·kg^{-1}	SMBC/SOC	SMBN/TN	SMBC/SMBN	$q\mathrm{CO}_2$ /mg·g^{-1}·h^{-1}
农田	439.63± 41.86[a]	87.22± 7.09[a]	13.94± 2.13[a]	31.26± 4.56[a]	5.04±0.07[a]	1.22±0.46[a]
灌丛	756.40± 67.08[b]	157.73± 11.36[b]	14.90± 1.89[a]	38.06± 5.57[b]	4.79±0.08[b]	1.29±0.48[a]
女贞林	663.52± 40.34[c]	108.06± 17.01[c]	14.62± 2.69[a]	26.75± 5.20[c]	6.21±0.49[c]	1.27±0.65[a]
马尾松林	540.43± 63.81[d]	106.77± 10.81[c]	15.13± 1.59[a]	36.44± 2.08[b]	5.06±0.08[a]	1.78±0.54[b]

注：同一列不同小写字母表示在 0.05 水平上差异显著。

图 4-8 是不同植被类型下 $q\mathrm{CO}_2$ 的季节变化图。$q\mathrm{CO}_2$ 在秋季相对较低，秋季枯落物的增加导致土壤有机质的增加，为微生物生长提供了充足的能源，微生物呼吸消耗的基质 C 比例相对较小，构造微生物细胞的 C 的比例相对较大。农田、灌丛和马尾松林均是春夏季高于秋冬季，即秋冬两季土壤微生物活动高于春夏两季，春夏两季植物生长摄取了土壤中大量的 C，微生物可利用的基质相应减少，植物摄取与微生物间产生了竞争。农田夏季与秋冬两季差异显著，也进一步表明作物摄取和微生物需求的矛盾，作物收获后这种矛盾减弱，微生物在秋冬两季较为活跃。灌丛夏秋两季差异显著，人工林季节变化不显著，表明植被覆盖对土壤微生物有较大影响，林地植被的恢复有利于土壤微生物群落的生长。

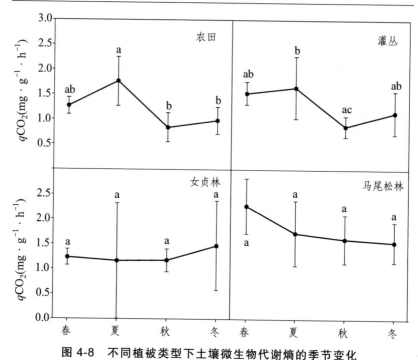

图 4-8　不同植被类型下土壤微生物代谢熵的季节变化

注：同一植被类型下不同小写字母表示在 0.05 水平上差异显著。

4.1.3.2　土壤 SMBC/SOC、SMBC/SMBN 的差异

由表 4-2 可知，土壤 SMBC/SOC 按马尾松林→灌丛→女贞林→农田的顺序依次降低，次生林高于农田，在消除土壤有机碳含量的影响后，马尾松林土壤活性 C 含量高于灌丛和女贞林，进一步支持了马尾松林土壤微生物通常生活在因营养限制产生的环境胁迫下的结论。

SMBN/TN 按灌丛→马尾松林→农田→女贞林的顺序依次降低，灌丛和马尾松林无显著差异，但与农田、女贞林差异显著。消除土壤总 N 的影响后，女贞林 SMBN 明显降低，甚至低于农田，说明土壤总氮含量显著影响女贞林土壤微生物群落的规模。

研究区域 SMBC/SMBN 的范围为 5～6.3，考虑到 C 在呼吸作

用中以 CO_2 损失，C/N 值应乘以 2.5，即为 12.5～15.8，低于土壤微生物量代表性平均 C/N 值（20），土壤中缺乏较易利用的有机碳，矿化作用成为更重要的过程。SMBC/SMBN 比值可反映微生物群落结构信息（孙瑞莲，等，2008），其年均值按女贞林→马尾松林→农田→灌丛的顺序降低，次生林之间差异显著，农田与马尾松林间无显著差异，次生林土壤微生物群落结构差异较大。就研究区域而言，自发演替的灌丛有机碳高于人工林和农田，但其土壤中较易利用的有机碳最缺乏，微生物群落结构变化可能是出现这一现象的首要原因。

4.2 小　结

（1）农业活动对土壤微生物量有重要影响，表现为翻耕、施肥等导致微生物群落的短暂增加。在农业活动影响下 1～9 月土壤微生物呼吸速率大致呈折线波动并逐渐升高，6 月达到极大值，10 月后明显降低，夏季显著高于秋冬两季。

（2）灌丛土壤微生物量是农田的 2.2 倍，冬春季高于夏秋季。雨季微生物量低与地表覆盖度低、斜坡环境及养分流失等有关，冬季土壤微生物细胞因低温破坏死亡，春季气温回升则导致微生物量升高。其土壤微生物呼吸速率是农田的 1.8 倍，春秋两季差异显著。

（3）雨季人工林微生物量水平较高、土壤微生物呼吸速率表现为马尾松林高于女贞林，季节变化不一致。

（4）研究区域土壤微生物生物量表现为灌丛＞女贞林＞马尾松林＞农田，农田土壤微生物呼吸速率显著低于次生林，有机残体分解慢，可利用基质少，微生物群落规模小。灌丛土壤微生物量高，土壤有机质积累较快。与人工林相比，雨季灌丛土壤微生物量较低，与植被状况、立地条件等有关。

（5）植被类型对土壤微生物活性有极显著影响，季节变化、植被与季节交互作用的影响小，微生物量 C 与土壤含水量显著相关，而采样期间土壤含水量的季节变化不显著，微生物呼吸速率与土壤温度、含水量均无显著相关性，可能是季节变化、植被和季节的交互作用不显著的主要原因，但需要大量区域样本进一步证实。

（6）马尾松林土壤微生物通常生活在因营养限制产生的环境胁迫中，在消除有机碳的影响后，马尾松林微生物量 C 高于灌丛和女贞林，进一步证实了其环境胁迫性。人工阔叶林表现为微生物体 N 的释放，微生物 N 矿化作用高于固定化作用。次生林土壤微生物群落结构差异较大，微生物群落结构变化可能是灌丛有机碳高、较易利用的有机碳缺乏这一现象出现的首要原因。

5 不同植被类型下土壤反硝化作用的差异

温室气体 N_2O 主要来源于土壤环境，在反硝化过程中产生，能导致臭氧层耗损，加速全球变暖（Maier, R. M., et al., 2004）。反硝化作用异化硝酸盐还原成 N_2O，可通过反硝化酶活性（DEA）间接测定，DEA 能反映采样时样品中具有反硝化能力菌群的酶的丰度，预测反硝化作用导致的气态 N 流失（Tiedje, J. M., et al., 1989），反映野外土壤的通气度（Smith, M. S., et al., 1979）。环境中的硝酸盐初始水平有助于决定反硝化作用的终产物，低硝酸盐水平趋向于产生 N_2O，而高硝酸盐水平有利于产生 N_2，N_2 是更期望的反硝化终产物（Maier, R. M., et al., 2004）。森林土壤 N 元素转化和循环不仅是 N 生物地球化学循环的重要组成部分，也是森林生态系统 N 循环最重要、最活跃的过程（陈伏生，等，2004）。土壤 N 被认为是大多数森林生态系统植物生长的限制性养分，可利用 N 限制了 N 利用的有效性，直接影响陆地生态系统净初级生产力（Yu Zhanyuan, Chen Fusheng, Zeng Dehui, Zhao Qiong, C. G., 2008）。土壤有效 N 主要以 $NH_4^+ - N$ 和 $NO_3^- - N$ 的形式存在，易被植物吸收利用，其含量决定于土壤矿化作用、生物固持作用、氮的固定和释放、硝化作用、植物吸收及氨挥发、反硝化作用和淋失等（朱兆良，1992）。大多数森林生态系统植物可利用 N 来源于氨化作用（有机 N 转化为 $NH_4^+ - N$），其生产力可用 N 矿化速率评价（Vernimmen, R. R. E., et al., 2007），N 矿化和固定化（无机 N 转化为有机 N）的平衡（如净 N 矿化作用)通常决定了供植物吸收的可利用 N 或反硝化气态损失和 N 淋失量（Lyyemperumal，K.，et al.，2007 ）。

5.1 结果与分析

5.1.1 不同植被类型下土壤反硝化作用的变化

5.1.1.1 农田土壤反硝化作用的变化

图 5-1 给出了农田反硝化酶活性及潜在反硝化作用的变化。由图 5-1 可知，采样期间农田各月 DEA 均低于 500 ng N_2O-N $\cdot g^{-1} \cdot h^{-1}$，

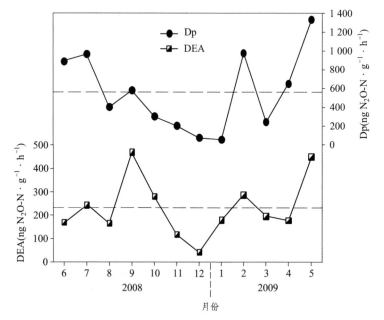

图 5-1 农田土壤反硝化酶活性及潜在反硝化作用的变化

注：图中虚线为均值线。

其年均值为(231.81 ± 125.8) ng N_2O-N·g^{-1}·h^{-1}，5 月和 9 月出现高峰值，分别为 449.47 ng N_2O-N·g^{-1}·h^{-1}、470.36 ng N_2O-N·g^{-1}·h^{-1}，2 月和 7 月也出现峰值，9 ~ 12 月 DEA 呈直线下降。农田 DEA 的季节均值为 150 ~ 300 ng N_2O-N·g^{-1}·h^{-1}，依次为春季 274.23 ng N_2O-N·g^{-1}·h^{-1}、夏季 193.27 ng N_2O-N·g^{-1}·h^{-1}、秋季 289.94 ng N_2O-N·g^{-1}·h^{-1}、冬季 169.80 ng N_2O-N·g^{-1}·h^{-1}，春秋两季高于夏冬两季。LSD 最小显著差法分析表明，其季节差异不明显。

农田潜在反硝化作用（Dp）年均值为 (559.65 ± 411.01) ng N_2O-N·g^{-1}·h^{-1}，由图 5-1 可知，Dp 与 DEA 的波动基本一致，在 2 月、5 月和 9 月均出现峰值，翻耕、作物生长、作物收获、秸秆焚烧还田均增加了潜在 N_2O 流失量;9 月至次年 1 月潜在反硝化流失率较低。农田 Dp 的季节均值依次为春季 745.64 ng N_2O-N·g^{-1}·h^{-1}、夏季 757.25 ng N_2O-N·g^{-1}·h^{-1}、秋季 363.73 ng N_2O-N·g^{-1}·h^{-1}、冬季 371.99 ng N_2O-N·g^{-1}·h^{-1}，春夏两季高于秋冬两季。LSD 最小显著差法分析表明，其季节差异不显著。

5.1.1.2 灌丛土壤反硝化作用的变化

图 5-2 给出了灌丛土壤反硝化作用的变化。灌丛土壤 DEA 年均值为(425.97 ± 348.14) ng N_2O-N·g^{-1}·h^{-1}，春冬季约为夏秋季的 2 ~ 3 倍;Dp 年均值为 1 057.97 ng N_2O-N·g^{-1}·h^{-1}，随雨季的来临而逐渐增加，之后逐渐降低，秋初（9 月）降至最低。DEA 和 Dp 均在 2 月出现极大值（分别为 1 357.57、5 504.40 ng N_2O-N·g^{-1}·h^{-1}），春季气温回升有利于土壤微生物群落的生长，反硝化酶活性增强，潜在 N_2O 流失增加。LSD 最小显著差法分析结果表明，灌丛土壤反硝化作用的季节差异不显著。

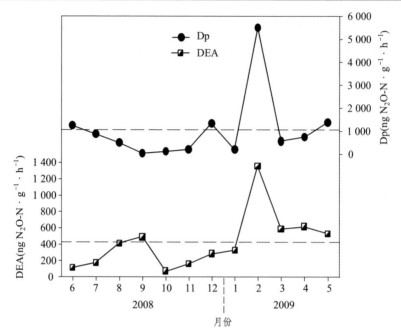

图 5-2　灌丛土壤反硝化酶活性及潜在反硝化作用的变化

注：图中虚线为均值线。

5.1.1.3　人工林土壤反硝化作用的变化

图 5-3 给出了人工林土壤 DEA、Dp 的差异。由图 5-3 可知，采样期间马尾松林土壤各月 DEA 均低于 500 ng N_2O-N · g^{-1} · h^{-1}，最高值出现在 6 月（495.21 ng N_2O-N · g^{-1} · h^{-1}），年均值为(144.08 ± 96.22) ng N_2O-N · g^{-1} · h^{-1}；女贞林 DEA 年均值为(549.58 ± 543.38) ng N_2O-N · g^{-1} · h^{-1}，最高值出现在 9 月（2015.77 ng N_2O-N · g^{-1} · h^{-1}），表现为秋季 > 冬季 > 夏季 > 春季，秋季均值超过 800 ng N_2O-N · g^{-1} · h^{-1}，是春季的 2.7 倍。

女贞林和马尾松林土壤潜在反硝化作用的年均值分别为 738.79 ng N_2O-N · g^{-1} · h^{-1}、125.91 ng N_2O-N · g^{-1} · h^{-1}，针叶林潜在 N 流失率明显低于阔叶林。女贞林极大值出现在 2 月，冬季均值约为秋季均值的 1.8 倍，但其季节变化不显著；马尾松林极大值出现在 7 月，夏季显著高于冬春两季。

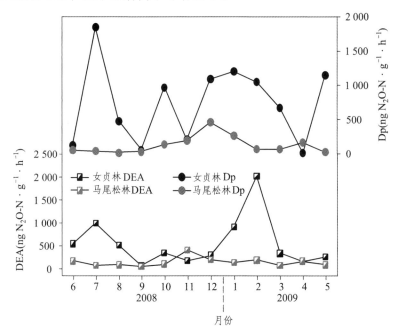

图 5-3　人工林土壤反硝化酶活性及潜在反硝化作用的比较

注：图中黑色实线为女贞林，灰色实线为马尾松林。

5.1.2　不同植被类型下土壤反硝化作用的差异

5.1.2.1　土壤反硝化酶活性及季节变化的差异

图 5-4 给出了不同植被类型下土壤反硝化酶活性的箱图，从图 5-4 可知，农田和马尾松林各月 DEA 均低于 500 ng N_2O-N · g^{-1} · h^{-1}，研究区域 DEA 年均值范围为 144.08 ~ 549.58 ng N_2O-N · g^{-1} · h^{-1}，与 Oehler 等测得的反硝化酶活性范围（76.48 ~ 530.63 ng N_2O-N · g^{-1} · h^{-1}）（Oehler，et al.，2007）相符，表现为女贞林

>灌丛>农田>马尾松林。用静态箱法测得采样点自然释放的 N_2O 通量为 16.0 ~ 21.8 μg N_2O-N · m^{-2} · h^{-1}，表现为农田>女贞林>灌丛>马尾松林(课题组未发表数据)，次生林 DEA 与自然释放的 N_2O 通量相关性好，能作为石漠化地区林地土壤 N_2O 通量的指示器。由图 5-1、图 5-2 和图 5-3 可知，不同植被类型下土壤 DEA 极大值出现的月份不一致，农田和女贞林出现在 9 月，灌丛、马尾松林分别出现在 2 月、6 月。LSD 最小显著差法分析结果表明，女贞林与农田、马尾松林差异显著，马尾松林显著低于灌丛和女贞林。

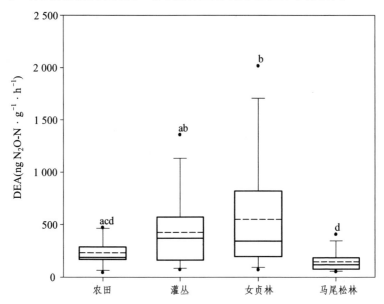

图 5-4　不同植被类型下土壤反硝化酶活性的箱图

注：不同小写字母表示在 0.05 水平上差异显著。

图 5-5 给出了不同植被类型下土壤反硝化酶活性的季节变化。由图 5-5 可知，不同植被类型下土壤反硝化酶活性的季节变化不一致，农田各季 DEA 为 150 ~ 300 ng N_2O-N · g^{-1} · h^{-1}，春秋两季高于夏冬两季；灌丛样点春冬两季 DEA 为夏秋两季的 2 ~ 3 倍；女贞林秋季>冬季>夏季>春季，秋季 N_2O 排放量超过 800 ng N_2O-N · g^{-1} · h^{-1}，

约是春季 N₂O 排放量的 3 倍；马尾松林夏季 DEA 高于其他季节，接近 250 ng N₂O-N·g⁻¹·h⁻¹，春季 N₂O 排放量甚至低于 100 ng N₂O-N·g⁻¹·h⁻¹。LSD 最小显著差法分析结果表明，除马尾松林春夏两季差异显著外，其他 3 种样地的季节变化不显著。

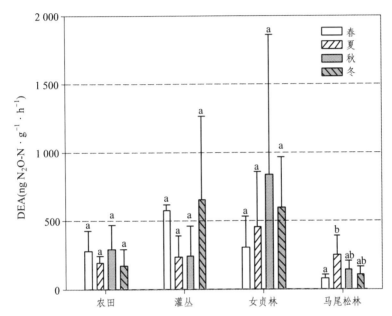

图 5-5   不同植被类型下土壤反硝化酶活性的季节变化

注：相同植被类型下不同小写字母表示在 0.05 水平上差异显著。

5.1.2.2   土壤潜在反硝化作用及其季节变化的差异

图 5-6 给出了土壤潜在反硝化作用的箱图。由图 5-6 中的年均值线（虚线）可知，林地潜在反硝化率随其恢复程度的增加逐渐降低，表现为灌丛 > 女贞林 > 农田 > 马尾松林，灌丛约为马尾松林的 8.4 倍，土壤微生物群落的潜在反硝化作用最强。LSD 最小差法表明，马尾松林 Dp 显著低于与其他样地，除马尾松林外，其他样地季节差异不显著（图 5-7）。

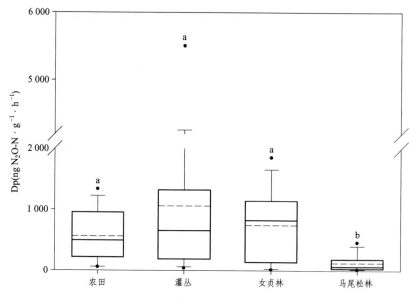

图 5-6　不同植被类型下潜在反硝化作用的箱图

注：图中不同的小写字母代表显著性差异达到 0.05 水平。

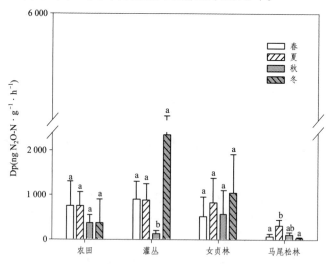

图 5-7　不同植被类型下潜在反硝化作用的季节变化

注：同一植被类型下的不同小写字母表示在 0.05 水平上差异显著。

5.1.2.3　不同植被类型下土壤 N₂O 流失的差异

DEA/SMBC 是土壤微生物群落反硝化能力比例的指示器，这个比值的差异表明生物体的反硝化能力有优先选择的（Tiedje et al., 1989）。不同植被类型下土壤 DEA/SMBC 依次为：女贞林（0.82）>灌丛（0.55）>农田（0.53）>马尾松林（0.26），即阔叶林土壤微生物群落的反硝化能力最强，灌丛和农田次之，马尾松林最弱。

Pearson 相关分析结果表明，SMB 与 DEA、Dp 显著相关（r 分别为 0.330、0.344，$p < 0.05$），SMBC 与 DEA 极显著相关、与 Dp 显著相关，SMBN 与 Dp 显著相关（表 5-1），高 SMB、SMBC 意味着高 DEA、Dp，微生物体 N 显著影响潜在反硝化作用。

表 5-1　研究区域土壤养分、生物学活性的 Pearson 相关分析

	有机碳	全氮	SMBC	SMBN	MR	微生物熵	NH$_4^+$-N
有机碳	1	0.933**	0.813**	0.687**	0.321*	−0.382*	0.279
全氮		1	00.773**	00.607**	0.277	−0.312*	0.290*
SMBC			1	00.891**	0.389**	0.212	0.350*
SMBN				1	0.348*	0.216	0.130
MR					1	0.095	0.289*
微生物熵						1	0.117
NH$_4^+$-N							1
硝化速率							
DEA							
Dp							
蔗糖酶							
淀粉酶							
脲酶							
蛋白酶							

续表 5-1

	硝化速率	DEA	Dp	蔗糖酶	淀粉酶	脲酶	蛋白酶
有机碳	0.117	0.479**	0.411**	0.043	−0.038	0.223	0.324*
全氮	0.203	0.505**	0.481**	0.178	0.154	0.306*	0.322*
SMBC	0.103	0.410*	0.344*	0.183	−0.047	0.164	0.377**
SMBN	0.060	0.222	0.291*	0.119	−0.129	0.099	0.253
MR	0.018	0.178	0.224	0.285*	0.100	−0.022	0.256
微生物熵	−0.026	−0.136	−0.153	0.233	0.019	−0.065	0.055
$NH_4^+ - N$	−0.074	0.464**	0.046	0.416**	0.194	0.184	0.218
硝化速率	1	−0.094	0.023	0.015	0.205	0.387**	0.125
DEA		1	0.592**	0.250	0.165	0.339*	0.218
Dp			1	0.260	0.308*	0.375**	0.117
蔗糖酶				1	0.589**	0.286*	0.311*
淀粉酶					1	0.692**	0.021
脲酶						1	0.124
蛋白酶							1

注：**在 0.01 水平上显著；*在 0.05 水平上显著。
本表仅列出了相关性较好的指标。

土壤无机 N 含量对研究区域反硝化作用也有重要影响，DEA 与 $NH_4^+ - N$ 含量极显著相关（表 5-1），即土壤 $NH_4^+ - N$ 含量越高，土壤中具有反硝化能力菌群的酶的丰度越高；Maier 等认为环境中的硝酸盐初始水平有助于决定反硝化作用的终产物，低硝酸盐水平趋向于产生 N_2O，而高硝酸盐水平有利于产生 N_2（Maier，et al.，2004）；pH 大于 7 时，N_2 是主要的反硝化产物（Šimek，et al.，2006）。

农田低 SMB、SMBC 和 SMBN（图 4-4）表明其反硝化菌群的酶的丰度低，硝酸盐在还原成 NH_4^+ 后较少被同化为微生物量，硝酸盐还原成铵成为主导作用。高 $NO_3^- \text{-} N$ 和无机 N 水平（图 3-4）、pH > 7 都有利于 N_2 的产生，低 $NH_4^+ \text{-} N$ 水平、低 Dp 也表明农田 N_2O 流失量较低。相对于次生林的偏酸性土壤环境（pH 为 6 ~ 6.7），农田偏碱性的土壤环境有利于 NH_3 的挥发，NH_3 挥发被认为是喀斯特农业土壤气态 N 流失的主要方式，^{15}N 同位素分析结果也验证了这一观点（刘学炎，et al.，2007）。但野外原位测得农田自然释放的 N_2O 高（课题组未发表数据，程建中），NH_3 和 NO_x 向 N_2O 的转化、偏碱性的土壤环境都是主要原因。

与农田高 $NO_3^- \text{-} N$ 水平相比，林地低 $NO_3^- \text{-} N$ 水平和偏酸性土壤环境有利于 N_2O 的排放。女贞林土壤 $NH_4^+ \text{-} N$ 和 DEA 水平均高于其他 3 种植被类型的土壤（图 3-4、图 5-4），反硝化酶活性高，微生物群落的反硝化能力强，但其潜在气态 N 流失率低于灌丛。灌丛 DEA、$NH_4^+ \text{-} N$ 含量与 DEA/SMBC 低于女贞林，土壤反硝化菌群丰富，微生物反硝化能力较强，高 SMBC、高 Dp 表明灌丛潜在 N_2O 流失率较高，$NH_4^+ \text{-} N$ 含量可能限制了灌丛反硝化作用的气态 N 流失量。马尾松林枯落物分解缓慢，低 SMB、SMBC、SMBN 和低 DEA、Dp 均导致低的 N_2O 流失量。

5.2 小 结

（1）翻耕会增加农田土壤反硝化作用，施肥不会立即增加反硝化酶活性，但施底肥会增加潜在 N_2O 流失量。

（2）灌丛土壤反硝化酶活性随雨季的来临而增加，随后逐渐降低，9 月降至最低。2 月，灌丛土壤反硝化作用强烈，反硝化酶活性增强，潜在 N_2O 流失率高。

（3）人工针叶林反硝化酶活性、潜在气态 N 流失率低于人工阔叶林。

（4）反硝化酶活性与野外实测 N_2O 通量相关性较好，能作为石漠化地区次生林土壤 N_2O 通量的指示器。次生林低 $NO_3^- - N$ 水平和偏酸性土壤环境有利于 N_2O 的排放，女贞林 N_2O 流失量高，与其高硝化速率有关，但其潜在气态 N 流失率低于灌丛，马尾松林 N_2O 流失量低。农田气态 N 流失以 N_2 和 NH_3 挥发为主，N_2O 流失量低，偏碱性的土壤环境、NH_3 和 NO_x 向 N_2O 的转化都是其自然释放的 N_2O 量高的主要原因。

6 不同植被类型下土壤酶活性的差异

6.1 结果与分析

6.1.1 不同植被类型下土壤酶活性的变化

6.1.1.1 农田土壤酶活性的变化

土壤酶活性的差异反映了土壤的水热条件及有机残体的转化情况，可表征土壤中各种生物化学活性的高低、土壤养分转化强度与方向的动态变化及土壤肥力水平（范燕敏，等，2009）。由图6-1可知，土壤酶活性1月普遍较低，可能与采样期间监测到的极低温度有关；2～5月土壤酶活性相对较高。土壤蔗糖酶主要来自植物的根，以胞外酶的形式累积在土壤中，能催化β-D-呋喃果糖苷中未还原的β-D-呋喃果糖苷末端残基的水解，参与石灰土土壤中碳水化合物的转化，为植物和微生物提供可利用的营养物质，是表征土壤生物学活性的一种重要的酶。土壤淀粉酶来自植物的根和微生物，可诱导生成，其活性随土壤有机质含量的增多而增强，也常随植物年龄和生长季节变化，淀粉酶能使淀粉水解生成糊精和麦芽糖，参与了自然界的C循环，C是植物生物量的主要组成部分，淀粉酶活性对植被的形成、生物量的增加有一定意义。由图6-1可知，随着玉米的生长，土壤蔗糖酶活性逐渐降低，玉米收获后（9月）出现一个峰值，撂荒后略有降低；淀粉酶活性为 0 ~ 2.39 malt sugar mg·g^{-1}，春季明显高于其他季节，从 6 月至次年 1 月土壤淀粉酶活性几乎检测不出，由表 6-1 可知，其变异系数高达 147%，年波动大。

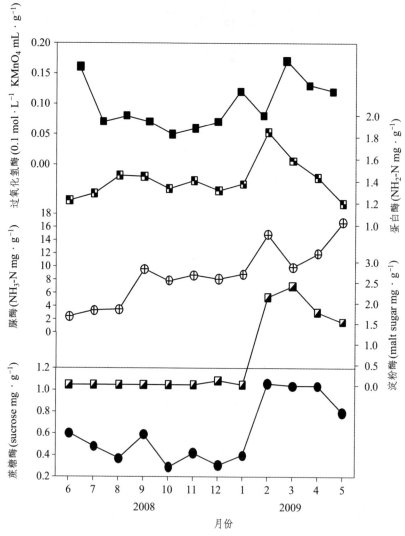

图 6-1　农田土壤酶活性的变化

表 6-1 农田土壤酶活性的年均值及季节变化

土壤酶活性	年均值	标准差	变异系数	春	夏	秋	冬
蔗糖酶/sucrose mg·g^{-1}	0.61	0.29	48%	0.95	0.47	0.42	0.58
淀粉酶/malt sugar mg·g^{-1}	0.66	0.97	147%	1.89	0.00	0.00	0.74
脲酶/NH$_3$-N mg·g^{-1}	8.71	4.39	50%	12.75	2.97	8.61	10.50
蛋白酶/NH$_2$-N mg·100·g^{-1}	1.40	0.17	12%	1.40	1.32	1.39	1.51
过氧化氢酶 /0.1 mol·L^{-1} KMnO$_4$ mL·g^{-1}	0.10	0.04	40%	0.14	0.10	0.06	0.09

蛋白酶是一类作用于肽键的水解酶,其分解是土壤 N 循环中的重要环节,能降解含 N 有机物,促使其水解成氨和二氧化碳,其活性强度常用来表征土壤 N 元素供应程度(范燕敏,等,2009)。土壤脲酶是参与土壤生态系统 N 循环的重要酶类之一,主要来源于微生物,是一种作用于线型酰胺的 C—N 键(非肽)的水解酶,参与尿素水解,其终产物氨是植被 N 元素营养的直接来源。由图 6-1 可知,与土壤 N 循环有关的蛋白酶在 5～7 月、脲酶在 6～8 月活性较低,说明玉米生长期间对 N 元素摄取较多,土壤 N 元素供应程度低,需要施 N 肥以满足作物生长需求。

贵阳一年中雨季较长,土壤比较潮湿,土壤中易积累过氧化氢。土壤过氧化氢酶来源于真菌和细菌,也来自植物根,是参与土壤中物质-能量转化的一种重要的氧化还原酶,能酶促 H$_2$O$_2$ 水解,有利于防止其对生物体的毒害作用,其活性表征土壤腐殖化强度大小和有机质积累程度(万忠梅,宋长春,2008),在一定程度上反映土壤生物化学过程氧化还原能力的大小。由表 6-1 可知,农田春季过氧化氢酶活性较高,腐殖化强度大、有机质积累较多。农田酶活性均表现为春冬两季高于夏秋两季(图 6-1),作物生长季节对土壤养分的大量摄取使得土壤中碳水化合物等反应底物缺乏,土壤对碳的转化能力弱，含氮有机物降解速度较慢，土壤氮元素供应能力较弱，土壤腐殖化强度小，有机质积累较少。

6.1.1.2　灌丛土壤酶活性的变化

表 6-2 和图 6-2 给出了灌丛土壤酶活性的变化。由表 6-2 和图 6-2 可知，其酶活性春冬两季高于夏秋两季，冬季枯落物的分解、转化使得土壤能源物质丰富，春季植物根系、微生物群落的生长都增加了土壤中碳水化合物等反应底物的浓度，酶活性较高；1 月水解酶活性均较低，低温对其存在限制作用；秋季至冬初氧化还原酶活性较低。与 C 循环有关的蔗糖酶、淀粉酶变化趋势相近，2 月酶活性较高，随雨季的来临而逐渐降低，8 月降至最低，土壤中碳水化合物的转化减弱，植物和微生物可利用的营养物质少，秋初略有增加后又降低，12 月出现高峰值，其年均值分别为 (0.71 ± 0.34) sucrose mg $\cdot$ g^{-1}（蔗糖酶）、(0.44 ± 0.61) malt sugar mg $\cdot$ g^{-1}（淀粉酶）。土壤脲酶年均值为 (10.06 ± 4.70) NH$_3$-N $\cdot$ mg $\cdot$ g^{-1}，春季明显高于夏季，夏季土壤有机氮转化速率较低；蛋白酶年波动不大，4 月出现高峰值，土壤 N 元素供应充足。灌丛土壤过氧化氢酶年均值为 (0.09 ± 0.03) 0.1 mol $\cdot$ L^{-1} KMnO$_4$ mL $\cdot$ g^{-1}，从 1 月开始呈折线降低，秋季至 12 月最低，秋季土壤腐殖化强度低于春季。

表 6-2　灌丛土壤酶活性的年均值及季节变化

土壤酶活性	年均值	标准差	变异系数	春	夏	秋	冬
蔗糖酶/sucrose mg $\cdot$ g^{-1}	0.71	0.34	48%	1.02	0.50	0.51	0.80
淀粉酶/malt sugar mg $\cdot$ g^{-1}	0.44	0.61	139%	0.94	0.00	0.03	0.80
脲酶/NH$_3$-N mg $\cdot$ g^{-1}	10.06	4.70	47%	14.80	3.89	9.42	12.12
蛋白酶/NH$_2$-N mg $\cdot$ 100 $\cdot$ g^{-1}	1.77	0.80	45%	2.44	1.44	1.45	1.74
过氧化氢酶/0.1 mol $\cdot$ L^{-1} KMnO$_4$ mL $\cdot$ g^{-1}	0.09	0.03	33%	0.12	0.09	0.06	0.10

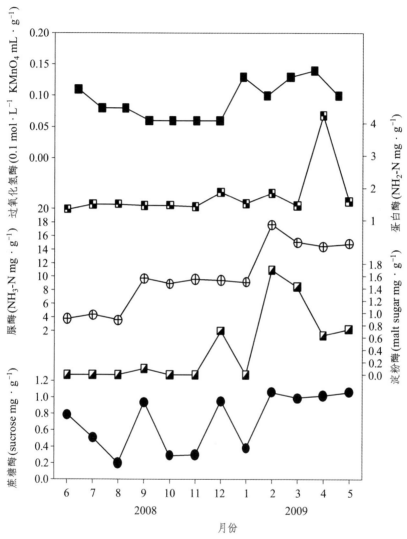

图 6-2 灌丛土壤酶活性的变化

6.1.1.3 人工林土壤酶活性的比较

图 6-3 给出了人工林土壤酶活性的差异。由图 6-3 可知，女贞

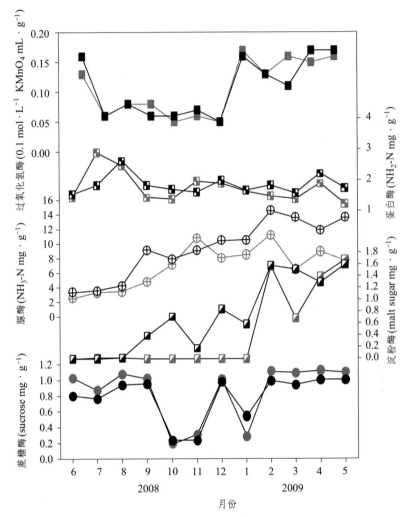

图 6-3　人工林土壤酶活性的比较

注：黑色实标代表女贞林，灰色实标代表马尾松林。

林和马尾松林土壤酶活性的变化趋势基本一致。马尾松林土壤蔗糖酶活性略高于女贞林，其年均值分别为(0.85 ± 0.36) sucrose mg · g^{-1}、(0.78 ± 0.29) sucrose mg · g^{-1}，1 月、9 月、10 月蔗糖酶活性低，土壤蔗糖酶主要来自植物的根，低温及秋冬季节植物根系生长缓慢、根系分泌物减少等影响了胞外酶在土壤中的累积。女贞林土壤淀粉酶活性的年均值[(0.73 ± 0.64) malt sugar mg·g^{-1}，变异率为 88%]高于马尾松林[(0.45 ± 0.70) malt sugar mg·g^{-1}，变异率为 156%]，冬末及春季土壤淀粉酶活性较高，6 月至次年 1 月其活性非常低，几乎检测不出，马尾松林夏季也是如此，春季植物根系、土壤微生物生长旺盛，碳水化合物等反应底物丰富，淀粉酶活性增强。

女贞林土壤脲酶、蛋白酶的年均值[分别为 (9.35 ± 3.91) NH$_3$-N mg·g^{-1}、(1.86 ± 0.31) NH$_3$-N mg·g^{-1}]也高于马尾松林[分别为 (6.92 ± 2.87) NH$_3$-N mg·g^{-1}、(1.76 ± 0.50) NH$_3$-N mg·g^{-1})，人工林脲酶、蛋白酶的变异率较小，介于 17% ~ 42%，夏季均值低。土壤脲酶主要来自于微生物，夏季植物生长与微生物群落增长间产生了竞争，土壤含氮有机物降解缓慢，N 元素供应程度低。

女贞林土壤蛋白酶的极大值出现在 7 月，马尾松林则出现在 8 月（图 6-3）。人工林土壤过氧化氢酶活性的变化大致相同，年均值相等[(0.11 ± 0.05) 0.1 mol·L^{-1} KMnO$_4$ mL·g^{-1})，高于农田和灌丛，腐殖化强度和氧化还原能力高。

6.1.2 不同植被类型下土壤酶活性的差异

6.1.2.1 土壤酶活性的比较

植物根系、土壤微生物和土壤动物都能分泌释放酶，酶一部分是由活细胞主动分泌的胞外酶，另一部分则是破裂细胞释放出的胞内酶。一般认为，植物根系和土壤微生物对土壤酶的贡献远大于土壤动物（范燕敏，等，2009）。土壤酶活性的差异反映了不同植被类型下土壤水热条件及有机残体的转化情况。Pinay 等人研究结果表明，土壤潜在呼吸、硝化酶活性、反硝化酶活性与植被变化呈强相关，认为植被差异导致的土壤微生物过程的相对改变与微生物功能群的密度和多样性呈负相关（Pinay, G., et al., 2007）。赵玉涛等

人对天然阔叶红松林和天然次生杨桦林的研究表明，氮沉降对土壤
酶活性的作用与林分类型相关（赵玉涛，等，2008）。图 6-4 给出了
不同植被类型下土壤水解酶及氧化还原酶活性的比较。

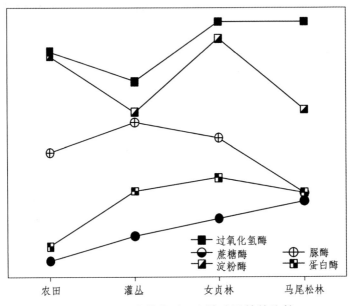

图 6-4　不同植被类型下土壤酶活性的比较

由图 6-4 可知，研究区域土壤蔗糖酶活性依次为马尾松林 > 女
贞林 > 灌丛 > 农田，随植被生长年限的增加而增加，蔗糖酶主要来
自植物的根，野外观察到生长近 30 年的马尾松林根系较女贞林、
灌丛及玉米粗大，根际分泌物多，胞外酶在土壤中大量累积，使蔗
糖酶活性增强。淀粉酶活性依次为女贞林 > 农田 > 马尾松林 > 灌丛，
人工林土壤对 C 的转化能力强于自发恢复的灌丛，阔叶林高于针叶
林，阔叶林的枯落物比针叶林易分解，有机碳和 SMB 的增加有利
于淀粉酶的累积，虽然灌丛有机碳、SMB 最高，但其枯落物、根际
分泌物较少，土壤中累积的淀粉酶相应较少。生长 0～1 年的灌丛
分布有女贞，与生长约 10 年的女贞纯林相比，对 C 的转化能力弱，
说明植被的恢复对土壤养分循环有重要意义。脲酶活性依次为灌丛 >

女贞林 > 农田 > 马尾松林，灌丛和人工林脲酶高低趋势与有机碳、全氮及 SMB 一致。有研究表明，土壤脲酶活性与土壤的微生物数量、有机物质含量、全氮等呈正相关（魏媛，等，2008），周礼恺认为脲酶在林木生长过程中的养分转化方面起着基础功能的作用，其活性高低表征了土壤有机氮转化状况（周礼恺，1987）。研究区域土壤蛋白酶年均值介于 1.40 ~ 1.86 NH_2-N mg·g^{-1}，由图 6-4 可知，其活性依次为女贞林 > 灌丛 > 马尾松林 > 农田，与次生林土壤无机 N（NH_4^+-N 和 NO_3^--N）含量的高低趋势一致。农田蛋白酶活性低于次生林，含 N 有机物降解速度慢，土壤 N 元素供应能力较弱，农业活动（施肥）使其土壤无机 N 含量显著高于次生林。

研究区域过氧化氢酶活性年均值为 0.09 ~ 0.11 0.1 mol·L^{-1} $KMnO_4$ mL·g^{-1}，由图 6-4 可知，过氧化氢酶活性依次为女贞林 = 马尾松林 > 农田 > 灌丛，人工林土壤的腐殖化强度、氧化还原能力相对较高，土壤积累了较多的有害物质；农业活动也使得土壤中累积的有害物质含量高于自然恢复的灌丛。

6.1.2.2 土壤酶活性季节变化的差异

由图 6-1、图 6-2 和图 6-3 可知，研究区域土壤蔗糖酶活性均表现为春季高秋季低，植物根系在春季生长较快，秋冬季节则生长缓慢，蔗糖酶活性减弱。灌丛土壤淀粉酶在冬季最高，冬春两季土壤 C 转化能力强于夏秋两季，与土壤养分条件有关，冬春两季土壤有机碳（分别为 57.9 g·kg^{-1} 和 57.4 g·kg^{-1}）含量高于夏秋两季（分别为 45.4 g·kg^{-1} 和 44.7 g·kg^{-1}），土壤养分条件较好。农田和人工林均表现为春季最高，即春季人工林与农田土壤对 C 的转化能力强，秋季枯落物尚未分解、转化，4 种样地均表现为 C 转化能力减弱。

由图 6-1、图 6-2 和图 6-3 可知，研究区域土壤脲酶活性均呈春季高夏季低的趋势，夏季土壤 N 元素供应能力最弱。不同植被类型下土壤蛋白酶活性高值出现的季节变化不同，灌丛春季较高，人工林夏季较高，农田则是冬季较高；农田和灌丛土壤蛋白酶在夏季最低，即夏季含 N 有机物降解速度较慢，土壤 N 元素供应能力较弱；女贞林和马尾松林的最低值则出现在春季，表明不同植被类型下土壤含 N 有机物的降解速度不一样。研究区域土壤过氧化氢酶活性均呈现春季高秋季低的特点，即春季土壤氧化还原能力较强，土壤中的有害物质多于秋季。此外，农田中与土壤 C 循环密切相关的蔗糖酶、淀粉酶以及过氧化氢酶活性均表现为春高秋低，即作物生长季节对土壤含 C 有机底物的利用效率较高，作物收获后明显降低。

6.1.2.3　土壤酶与微生物量的 Pearson 相关分析

　　对土壤酶的研究中较多地注意了土壤酶的专属性，对土壤酶的共性关系研究较少（范燕敏，等，2009）。由表 5-1 的 Pearson 相关分析结果可知，蔗糖酶与淀粉酶呈极显著正相关，与脲酶、蛋白酶及过氧化氢酶成显著正相关；淀粉酶与脲酶、过氧化氢酶均呈极显著正相关。从蔗糖酶、淀粉酶、脲酶、蛋白酶之间的关系得出，土壤含 N 有机化合物的转化与蔗糖酶、淀粉酶的转化是相互影响的，存在着相互刺激机制，酶促反应不仅有专一性，也存在一些共性。酶的专一性反映了土壤中与某类酶相关的有机化合物的转化过程，而有共性关系的土壤酶的总体活性在某种程度上反映了土壤质量的高低（范燕敏，等，2009）。过氧化氢酶与蔗糖酶和淀粉酶的正相关关系表明，C 循环较 N 循环更易在土壤中累积过氧化氢，土壤的氧化还原能力增强。

6.2　小　结

　　（1）春季农田土壤蔗糖酶、淀粉酶活性高，玉米生长期间土壤蛋白酶、脲酶活性低，作物对土壤养分的大量摄取使得土壤碳水化合物等反应底物缺乏，土壤 C 的转化能力弱，含 N 有机物降解速度慢，土壤腐殖化强度小，有机质积累少。

（2）灌丛土壤酶活性春冬季高于夏秋季，1 月水解酶活性低，秋季至冬初氧化还原酶活性低。春季土壤 N 元素供应充足，腐殖化强度高，随雨季的来临，土壤碳水化合物的转化减弱，土壤有机 N 转化速率在夏季较低。

（3）人工林土壤腐殖化强度和氧化还原能力高于农田和灌丛。人工林之间土壤酶活性的变化趋势基本一致，且马尾松林除蔗糖酶外的土壤水解酶活性均低于女贞林。

（4）与 C 循环有关的蔗糖酶、淀粉酶及属于氧化还原酶的过氧化氢酶活性均呈现人工林高于灌丛的特点，除土壤蛋白酶活性以外，土壤酶活性均在春季较高。土壤酶活性间存在着相互刺激机制，土壤中含 N 有机化合物的转化与土壤对 C 的转化能力是相互影响的，C 循环比 N 循环更易在土壤中累积过氧化氢，土壤的氧化还原能力增强。

7 土壤质量综合评价

7.1 引 言

　　土壤质量是土壤退化过程和保持性过程的最终平衡结果,对其进行评价需要考虑土壤的多重功能,评价标准与指标体系的建立对退化土壤的恢复重建、土壤质量的进一步提高有重要意义(魏媛,2008)。土壤生物参数评价指标体系的建立是土壤质量评价必不可少的,我国在土壤微生物及其活性方面的研究已有较好的基础,但主要集中于对土壤肥力的评价,在土壤生物学质量的研究上仍然薄弱(赵吉,2006)。土壤肥力的高低不仅取决于土壤库容的大小,还取决于流通的快慢,需要相适应的物质转化动力,这种动力主要来自氧化还原过程、微生物活动及酶活性(陈恩凤,1990)。Li 等通过 15 年的研究发现,一些微生物特性(SMBC/SMBN、脲酶活性)与土壤养分呈正相关,认为土壤微生物特性能反应土壤质量变化,可以用作土壤健康的生物指示器(Li, J., et al., 2008)。一些研究者认为土壤脲酶活性与植被恢复年限、植被类型、坡向有密切的关系,随植被恢复年限的增加而增大,且混交模式的土壤脲酶活性明显高于单一植被的土壤(覃勇荣,等,2009);也有研究者将脲酶和碱性磷酸酶活性作为评价指标(邱莉萍,等,2004),或者将不同类的土壤酶活性整合并作为评价指标。然而,相对于单项肥力分析而言,通过化学、生物化学肥力综合评价不同植被类型下土壤质量更具说服力。

7.2 基于 g^{-1} SOC 的土壤生物活性

土壤有机质组成和稳定性控制着呼吸和土壤酶活性（Leinweber, P., et al., 2008），生物肥料能提高养分、物质代谢及根圈酶活性（Aseri, G. K., et al., 2008），Stark 等人则认为由有机质添加引起的土壤微生物量、酶活性、微生物群落组成和 N 循环的改变是由土壤不同管理历史决定的（Stark, C. H., et al., 2008）。对多米尼加共和国石灰质土壤上的次生林、未受干扰森林及农田的研究表明，次生林土壤湿度、有机质含量、凋落物 C、潜在反硝化作用、微生物量 C 和 N、基础呼吸和 pH 等均明显高于农业活动区，基于 g^{-1} SOC 的土壤净矿化、净硝化、微生物量 C 和基础呼吸农业区明显更高，认为土地利用通过对有机质的影响而间接影响微生物活动和 C 储量（Templer, P. H., et al., 2005）。研究区域土壤有机质含量的空间变异高，采用生物学活性系数或比率比单纯的指标更适合土壤质量评价。

7.2.1 基于 g^{-1} SOC 的微生物活性差异

图 7-1 给出了不同植被类型下基于 g^{-1} soil 和 g^{-1} SOC 的 SMBC、SMBN 及 MR 比较。农田土壤微生物活性均显著低于灌丛和人工林（图 4-4、图 4-6），但基于 g^{-1} SOC 来说，研究区域土壤微生物量的差异不显著，说明发育于同一母质的石灰土在不同植被类型下的土壤微生物群落的迭代速率差别不明显，土壤有机质含量限制了微生物群落规模；马尾松林土壤微生物呼吸速率快，有机物分解的速度快、强度高，微生物活性高。

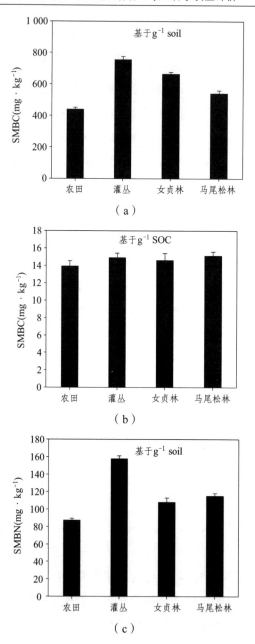

（a）

（b）

（c）

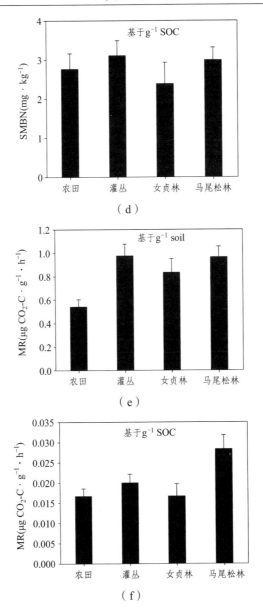

图 7-1　基于 g^{-1} SOC 不同植被类型下土壤微生物活性的差异

7.2.2   基于 g⁻¹ SOC 土壤 N 元素转化速率的变化

灌丛土壤氨化速率、硝化速率、净 N 矿化速率均高于农田和人工林，但基于 g^{-1} SOC 的土壤 N 元素转化速率却低于农田（图 7-2），农业活动、作物生长都使得农田土壤 N 循环加快，其基于 g^{-1} SOC 的生产力高于次生林，低有机碳含量对农田生产力有限制作用。人工阔叶纯林和针叶纯林的生产力差别不大，但前者硝化速率略高，后者氨化速率略高，说明不同植被类型下土壤微生物对土壤养分的转化有选择性，大多数森林生态系统植物可利用 N 来源于氨化作用

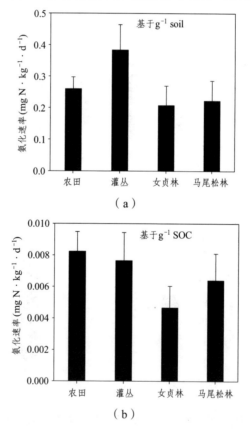

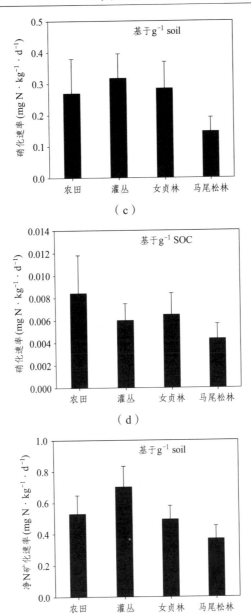

（c）

（d）

（e）

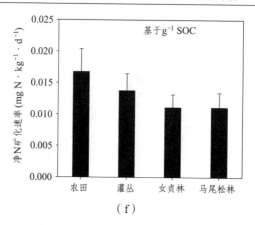

（f）

图 7-2 基于 g^{-1} SOC 不同植被类型下土壤氮元素转化率的差异

（有机 N 转化为 NH_4^+ - N），部分植物[如针叶林（Saynes，V.，et al.，2005）、藓类（Nordin，A.，et al.，2006）等]优先利用 NH_4^+ - N 作为养分来源，阔叶林的高硝化速率导致高 N_2O 释放率，养分流失严重。

7.2.3 基于 g^{-1} SOC 土壤反硝化作用的变化

人工阔叶林土壤反硝化酶活性最高，由图 7-3 可知，阔叶林基于 g^{-1} SOC 的反硝化酶活性也最高，表明林下具有反硝化能力的菌

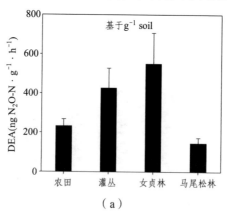

（a）

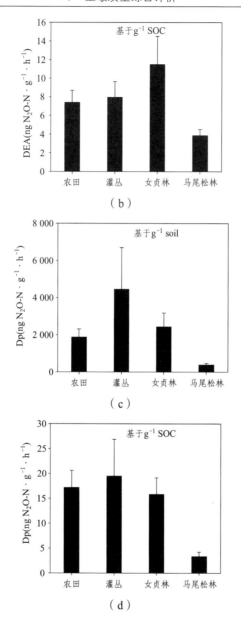

（b）

（c）

（d）

图 7-3 基于 g^{-1} SOC 不同植被类型下土壤反硝化作用的差异

群的酶最丰富；灌丛土壤的潜在反硝化作用虽然最高，但基于 g^{-1} SOC 来说，其与农田、女贞林差别不大；马尾松林土壤反硝化菌群及潜在反硝化作用始终低于其他植被类型，气态 N 流失率较低。

7.2.4　基于 g^{-1} SOC 土壤酶活性的变化

土壤有机质含量对土壤酶的活性有显著影响，是土壤中酶促底物的主要供源，是土壤固相中最复杂的系统，也是土壤肥力的主要物质基础（吕国红，等，2005）。土壤酶活性比土壤有机质更早地反映出管理措施和环境因子引起的土壤生物学和生物化学的变化（孙波，等，1997），其环境敏感性可被用作土壤变化的早期预警生物指标。图 7-4 给出了不同植被类型下基于 g^{-1} SOC 的土壤酶活性变化。由图 7-4 可知，基于 g^{-1} SOC 的蔗糖酶、蛋白酶活性均按马尾松林→农田→女贞林→灌丛的顺序依次减弱，人工针叶纯林高于阔叶纯林，人工林高于自然恢复的灌丛；淀粉酶、脲酶活性则按农田→女贞林→马尾松林→灌丛的顺序依次减弱，农田高于次生林，人工林高于自然恢复的灌丛。次生林中马尾松林基于 g^{-1} SOC 的土壤酶活性相对较高，土壤生化过程强烈；灌丛的土壤酶活性低于农田和人工林，尽管灌丛土壤有机碳含量最高，其含碳底物的利用率却最低，土壤生物化学过程的强度弱，植物和微生物可利用的营养物质较少。

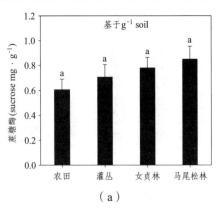

（a）

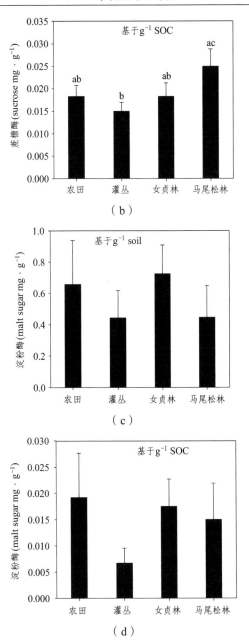

（b）

（c）

（d）

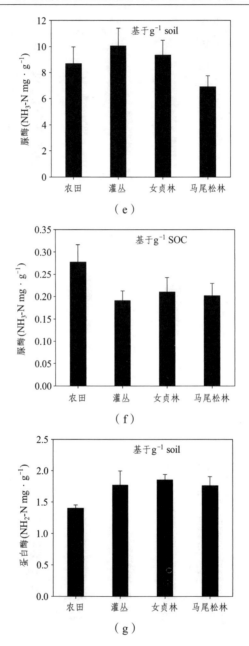

（e）

（f）

（g）

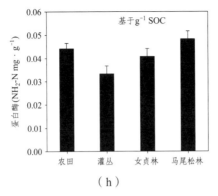

（h）

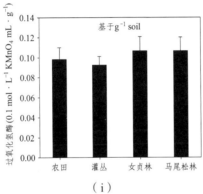

（i）

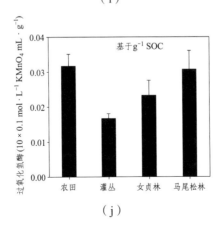

（j）

图 7-4 基于 g^{-1} SOC 不同植被类型下土壤酶活性差异

7.3　土壤碳、氮、微生物活性与土壤酶的相关性

7.3.1　土壤有机碳、活性有机碳与土壤酶

土壤有机质的含量并不高，但它能增强土壤孔隙度、通气性和结构性，有显著的缓冲作用和持水力，是微生物、土壤酶和矿物质的有机载体。对滇西北高原典型退化湿地纳帕海湿地的研究显示，土壤有机质含量与过氧化氢酶、蛋白酶、蔗糖酶活性呈负相关，与脲酶活性则呈正相关（肖德荣，等，2008）。长期施肥能明显提高土壤中蔗糖酶、脲酶、磷酸酶活性，其中有机肥与化肥配施对于增加土壤中蔗糖酶、脲酶、磷酸酶活性尤为显著，但会降低土壤中过氧化氢酶活性（孙瑞莲，等，2008），研究区域有机碳与蔗糖酶、淀粉酶、脲酶的相关性不显著，与土壤蛋白酶呈显著正相关（表 5-1）。

对三江平原小叶章沼泽湿地的研究显示，土壤酶与土壤活性有机碳表征指标呈极显著正相关，其中蔗糖酶与 SMBC、可溶性有机碳相关系数最高，认为土壤酶尤其是蔗糖酶活性对土壤活性有机碳库有显著影响（万忠梅，等，2008）。吕国红等的研究表明，SMBC、土壤酶活性在作物生育旺盛时期出现高峰，有利于作物生长发育（吕国红，等，2005）。研究区域土壤蛋白酶与其他土壤酶之间无显著相关性，但与 SMBC 呈极显著正相关（表 5-1），说明蛋白酶对土壤微生物量有重要贡献，土壤微生物能积极参与有机物质的降解，蛋白质的释放使得土壤蛋白酶活性增加，土壤中 N 元素供应能力增强，有助于土壤微生物群体尤其是微生物体 C 的增加，生物活性有机碳的增加也促使土壤有机碳的增加。

蔗糖酶活性与 MR 的显著相关性（表 5-1）则表明，微生物呼吸速率的增强有助于土壤中高相对分子质量的蔗糖分子的分解，增加能够被植物和土壤微生物吸收利用的葡萄糖和果糖，为土壤生物体提供充分的能源。

Pearson 相关分析表明，SMBN/TN 与土壤淀粉酶呈显著负相关

（$r = -0.342$，$p < 0.05$），与微生物熵呈极显著正相关（$r = 0.602$，$p < 0.01$），表明土壤淀粉酶活性对于增加基于每克土壤 N 的微生物体 N 有一定意义。土壤几种功能性指标（代谢熵、微生物熵、SMBN/TN 和 SMBC/SMBN）与其他土壤酶活性的相关性不显著。

7.3.2　土壤 N 元素转化速率与土壤酶

　　N 是作物生长必需的营养元素之一，是蛋白质、核酸、叶绿素等物质的组成成分，含 N 化合物在土壤中的转化是土壤物质能量代谢的中心环节之一。N 元素转化的每一阶段均有专一性的土壤酶类参与，N 元素不仅是土壤酶的组成部分，累积在土壤有机质中的 N 还决定了进入土壤中的酶的数量（吕国红，等，2005）。研究区域土壤全氮与土壤脲酶、蛋白酶活性均呈显著正相关（表 5-1），在蛋白酶的催化下，土壤中各种含蛋白质的物质（如几丁质、叶绿素、尿素等）转化为无机 N，供植物和微生物吸收利用。土壤 NH_4^+-N 含量与蔗糖酶活性呈极显著正相关（表 5-1），土壤 NO_3^--N 含量与淀粉酶活性呈显著正相关（$r = 0.30$，$p < 0.05$），说明有效氮的增加可以加快土壤碳水化合物的转化，为植物和微生物提供可利用的营养物质。土壤硝化速率与脲酶活性呈极显著正相关（表 5-1），脲酶能水解尿素成为氨和二氧化碳，土壤中氨的增加使得硝化作用显著加快，从而影响 N 循环过程。

　　Pearson 相关分析结果表明，SMBN 与基于 g^{-1} SOC 的土壤脲酶、蛋白酶活性呈显著负相关（$r = 0.30$，$p < 0.05$），基于每克有机碳的脲酶、蛋白酶活性越高，微生物体 N 越低，微生物矿化有机含氮物而非转化为生物体 N。反硝化酶活性与脲酶呈显著正相关，潜在反硝化酶活性与淀粉酶显著相关，与脲酶呈极显著正相关（表 5-1），说明土壤酶尤其是脲酶对反硝化作用引起的气态 N 流失有重要影响。脲酶活性的增强使得土壤中的氨不断累积，硝化速率加快，NH_4^+-N 含量与 DEA 的强相关关系（表 5-1）表明，氨的积累有利

于反硝化菌群的增长，并进一步影响潜在反硝化作用。

7.3.3　土壤水热条件与土壤酶

升温和干旱对土壤酶活性的影响取决于土壤温度和水分含量的直接影响，而不是土壤有机质含量和养分状况的影响（Sardans，J.，et al.，2008）。Haase 等人认为土壤顶部根圈微生物群落对 CO_2 含量升高通过改变酶进行调节（产生或者活性）而不是高细菌丰度来响应（Haase，S.，et al.，2008）。Tscherko 等人则认为较高温度和 CO_2 含量升高对根系生长和组织 C/N 影响较低，对微生物群落反馈有限，微生物和植物的 N 竞争显著影响微生物的净增长。水分含量高抑制有机化合物氧化，有利于增加反硝化酶活性，并通过低水平的土壤酶活性指示，水压和土壤 N 不足导致微生物数量增长，而活性在早期水平上降低（Tscherko，D.，et al.，2001）。研究区域土壤含水量与脲酶、蛋白酶活性呈极显著正相关（r 分别为 0.411 和 0.380，$p < 0.01$），表现出对水分条件的强响应；土壤温度与淀粉酶和过氧化氢酶活性呈显著负相关（r 分别为 -0.288、-0.313，$p < 0.05$），与脲酶呈极显著负相关（$r = -0.454$，$p < 0.01$），土壤温度夏秋季高于冬春季，土壤酶活性则有冬春季高于夏秋季的趋势。

7.4　土壤质量综合评价

从前面几章的分析可以看出，本研究所测定的土壤理化及生物学指标对同一植被的肥力质量评价并不一致，单个指标的评价结果之间甚至有些矛盾，说明单个评价指标不能够全面反映土壤的生态质量。为了进一步探讨土壤各参数指标与土壤质量的内在关系，在前人的研究基础上对研究区域不同植被类型下土壤质量进行综合评价。

7.4.1 评价系数的标准化

土壤质量综合指数是土壤各指标因子的综合和集成，为消除不同评价指标的量纲的影响，在进行因子分析之前对各指标的原始观测数据进行标准化处理，计算公式为

$$X = \frac{x - \mu}{\sigma} \tag{7-1}$$

式中　　X——经标准化处理后的数据；

　　　　x——原始数据；

　　　　μ——该指标的平均值；

　　　　σ——该指标的标准差。

各土壤质量因子的变化具有连续性，故对各评价指标采用连续的隶属度函数描述，并从主成分因子载荷量值的正负性确定隶属度函数分布的升降性。对各质量因子采用升型分布函数，计算公式（吕春花，等，2009）如下：

$$Q_{(x_i)} = (x_{ij} - x_{i\min})/(x_{i\max} - x_{i\min}) \tag{7-2}$$

式中　　$Q_{(xi)}$——各土壤因子的隶属度值；

　　　　x_{ij}——各因子值；

　　　　$x_{i\max}$ 和 $x_{i\min}$——第 i 项因子中的最大值和最小值。

计算结果见表 7-1。

表 7-1　土壤理化、生物学指标的原始值及隶属度值

数据	有机碳		全氮		NH_4^+ - N		NO_3^- - N		SMB		SMBC	
	A	B	A	B	A	B	A	B	A	B	A	B
农田	31.89	0.00	2.84	0.00	1.35	0.00	11.07	1.00	15.79	0.00	439.63	0.00
灌丛	51.35	1.00	4.22	1.00	2.78	0.44	2.9	0.02	34.58	1.00	756.51	1.00
女贞林	46.62	0.76	4.1	0.91	4.6	1.00	2.75	0.00	20.94	0.27	663.31	0.71
马尾松林	36.09	0.22	2.94	0.07	3.2	0.57	2.86	0.01	20.45	0.25	540.43	0.32

续表 7-1

数据	SMBN		MR		$q\mathrm{CO_2}$		微生物熵		SMBN/TN		SMBC/SMBN	
	A	B	A	B	A	B	A	B	A	B	A	B
农田	87.22	0.00	0.54	0.00	1.22	0.00	13.94	0.00	31.26	0.40	5.04	0.18
灌丛	157.73	1.00	0.98	1.00	1.29	0.13	14.9	0.81	38.06	1.00	4.79	0.00
女贞林	108.06	0.30	0.83	0.66	1.27	0.09	14.62	0.57	26.75	0.00	6.21	1.00
马尾松林	106.77	0.28	0.96	0.95	1.78	1.00	15.13	1.00	36.44	0.86	5.06	0.19

数据	氨化速率		硝化速率		净 N 矿化速率		DEA		DEA/SOC		Dp	
	A	B	A	B	A	B	A	B	A	B	A	B
农田	0.26	0.29	0.27	0.71	0.56	0.53	231.81	0.22	7.42	0.47	559.65	0.47
灌丛	0.38	1.00	0.32	1.00	0.73	1.00	425.97	0.70	7.96	0.54	1057.97	1.00
女贞林	0.21	0.00	0.28	0.76	0.53	0.44	549.58	1.00	11.49	1.00	738.79	0.66
马尾松林	0.22	0.06	0.15	0.00	0.37	0.00	144.08	0.00	3.88	0.00	125.91	0.00

数据	蔗糖酶		淀粉酶		脲酶		蛋白酶		过氧化氢酶	
	A	B	A	B	A	B	A	B	A	B
农田	5.79	0.00	0.46	0.45	0.35	0.55	0.21	0.00	0.2	0.67
灌丛	7.37	0.57	0.41	0.00	0.4	1.00	0.26	0.83	0.18	0.00
女贞林	7.85	0.75	0.52	1.00	0.38	0.82	0.27	1.00	0.21	1.00
马尾松林	8.54	1.00	0.45	0.36	0.29	0.00	0.26	0.83	0.21	1.00

注：A 数据是测定数据的年均值，B 数据是标准化处理后的值，正负表示相对大小，不代表实际意义。

7.4.2　土壤质量评价指标的主成分分析

由于评价指标较多，指标间具有一定相关性，因而所得统计数据反映的信息在一定程度上有重叠，主成分分析能将原始指标线性组合得到较少的综合指标（吕春花，等，2009），表 7-2 是采用主成分分析法，经过正交旋转法得到的结果。由表 7-2 可知，经过因子分析在 95% 置信水平上提取了 3 个主成分，即将原来的 23 个因子缩减到 3 个新变量，前 3 个主分量的方差贡献分别占总方差的 44.79%、29.76% 和 25.45%，累积贡献率约为 100%，基本包含了原始数据的所有信息量，说明通过前 3 个因子完全能够反映土壤质量。表 7-2 中变量系数大小和正负对解释土壤生物学质量有重要作用，各变量系数绝对值大的表明该主成分主要综合了绝对值大的变量，如有几个变量的系数大小相当，表明这一主成分是这几个变量的综合。

表 7-2　主成分分析的因子载荷量、特征值及方差贡献率

主成分	有机碳	全氮	NH_4^+-N	NO_3^--N	SMB	SMBC	SMBN	MR	qCO_2
1	0.75	0.82	0.12	-0.07	0.59	0.67	0.57	0.00	-0.85
2	0.66	0.56	0.79	-1.00	0.56	0.73	0.59	0.95	0.50
3	-0.07	0.09	0.60	-0.04	-0.58	-0.14	-0.57	-0.30	-0.19

主成分	微生物熵	SMBN/TN	SMBC/SMBN	氨化速率	硝化速率	净 N 矿化速率	DEA	DEA/有机碳	Dp
1	-0.23	-0.18	0.17	0.62	0.98	0.91	0.84	0.78	0.99
2	0.94	0.28	0.21	0.04	-0.20	-0.11	0.32	-0.01	0.04
3	-0.26	-0.94	0.96	-0.79	-0.04	-0.39	0.44	0.62	-0.15

主成分	蔗糖酶	淀粉酶	脲酶	蛋白酶	过氧化氢酶	特征值	方差贡献率/%	累计方差贡献率/%
1	-0.34	-0.03	1.00	0.13	-0.65	10.30	44.79	44.79
2	0.93	-0.02	0.00	0.97	0.03	6.84	29.76	74.55
3	0.12	1.00	0.02	0.19	0.76	5.85	25.45	100.00

注：① 提取方法：主成分分析法。
　　② 旋转法：具有 Kaiser 标准化的正交旋转法，旋转在 5 次迭代后收敛。

由各因子载荷（表 7-2）可知，第一主成分包括脲酶、Dp、硝化速率、净 N 矿化速率、qCO_2、DEA，主要反映与土壤 N 循环相关的因子贡献率。第二主成分包括 $NO_3^- - N$、蛋白酶、MR、微生物熵、蔗糖酶，主要反映了与土壤 C 循环相关的指标贡献率。第三主成分主要综合了淀粉酶和 SMBC/SMBN、SMBN/TN 的变异信息，主要反映了与土壤微生物群落结构有关的指标贡献率。根据主成分分析原理，综合得分等于各主成分得分之和，当累积方差贡献率大于 85% 时，即可用来反映系统的变异信息，即用前三个主成分即可代表系统内的变异状况，对研究区域土壤质量评价具有十分重要的作用。

7.4.3　土壤质量各因子权重系数的确定

土壤质量各个因子的状况与重要性存在差异，通常用权重系数来表示各个因子的重要性程度。权重系数的确定有许多方法，包括经验法、专家法、数学统计或模型等。本研究运用 SPSS 13.0 软件计算质量因子主成分载荷量、方差贡献率和累积方差贡献率，确定各因子在土壤质量中的作用大小，从而确定它们的权重。

$$W_i = C_i / \sum_{i-1}^{n} C_i \qquad\qquad (7-3)$$

式中　W_i——各土壤质量因子的权重；

　　　C_i——第 i 个土壤质量因子的因子负荷量。

7.4.4　主成分得分值及土壤质量排序

因子得分矩阵是根据回归算法计算出的因子得分函数的系数，由表 7-3 可得到因子得分函数，如公式 7-4 所示。

表 7-3　土壤质量因子得分与权重

主成分		有机碳	全氮	NH$_4^+$-N	NO$_3^-$-N	SMB	SMBC	SMBN	MR
1	A	0.07	0.08	0.01	0.01	0.05	0.06	0.04	-0.02
	B	0.10	0.11	0.02	-0.01	0.08	0.09	0.08	0.00
2	A	0.07	0.06	0.11	-0.13	0.06	0.08	0.06	0.13
	B	0.08	0.07	0.10	-0.13	0.07	0.09	0.08	0.12
3	A	0.00	0.03	0.11	-0.02	-0.08	-0.01	-0.08	-0.04
	B	-0.20	0.28	1.76	-0.12	-1.71	-0.42	-1.68	-0.88

主成分		$q\mathrm{CO_2}$	微生物熵	SMBN/TN	SMBC/SMBN	氨化速率	硝化速率	净N矿化速率	DEA
1	A	-0.11	-0.05	-0.04	0.03	0.06	0.11	0.10	0.09
	B	-0.11	-0.03	-0.02	0.02	0.08	0.13	0.12	0.11
2	A	0.08	0.13	0.03	0.03	-0.01	-0.05	-0.04	0.03
	B	0.06	0.12	0.04	0.03	0.01	-0.03	-0.01	0.04
3	A	-0.04	-0.04	-0.16	0.17	-0.12	0.00	-0.05	0.09
	B	-0.56	-0.76	-2.79	2.84	-2.32	-0.12	-1.15	1.31

主成分		DEA/SOC	Dp	蔗糖酶	淀粉酶	脲酶	蛋白酶	过氧化氢酶
1	A	0.10	0.11	-0.06	0.01	0.11	0.00	-0.06
	B	0.10	0.13	-0.04	0.00	0.13	0.02	-0.09
2	A	-0.01	-0.02	0.13	0.01	-0.02	0.13	0.02
	B	0.00	0.01	0.12	0.00	0.00	0.13	0.00
3	A	0.11	-0.01	0.02	0.17	0.02	0.04	0.12
	B	1.83	-0.45	0.34	2.95	0.05	0.55	2.23

注：A 表示因子得分，B 表示因子权重。

$$\begin{cases} F_1 = 0.070x_1 + 0.083x_2 + \cdots - 0.064x_{23} \\ F_2 = 0.073x_1 + 0.059x_2 + \cdots + 0.023x_{23} \\ F_3 = 0.004x_1 + 0.031x_2 + \cdots + 0.118x_{23} \end{cases} \qquad (7\text{-}4)$$

综合得分值为　$F = 0.448F_1 + 0.298F_2 + 0.254F_3$

式中　F_1，F_2，F_3——第一、二、三主成分。

根据这三个因子得分函数，带入表 7-1 中的标准化值，计算出不同植被类型下土壤生物学综合质量的三个主成分得分值，并进行排序。

为了进一步探讨三个化学、生物学指标对各阶段土壤质量的影响，应用土壤质量的综合指标值 I_{SQ} 来最终评价各样地的土壤生物学质量。根据加乘法则，对每个土壤质量指标值采用乘法进行合成，不同植被类型下土壤质量的综合指数 I_{SQ}（吕春花，等，2009）的计算公式为

$$I_{SQ} = \sum_{j=1}^{m} k_j \left(\sum_{i=1}^{n} W_i \cdot Q_{(x_i)} \right) \qquad (7\text{-}5)$$

式中　m——所选主成分个数，取 3；

　　　　n——评价指标的个数，取 23；

　　　　k_j——第 j 个主成分的方差贡献率。

表 7-4 给出了不同植被类型下的主成分、综合评价指标的得分值，并进行了排序。由表 7-4 可知，与土壤 N 循环有关的指标 1 表现为灌丛 > 女贞林 > 农田 > 马尾松林，与土壤 C 循环有关的指标 2 则表现为马尾松林 > 灌丛 > 女贞林 > 农田，与土壤微生物群落结构相关的指标 3 则表现为女贞林 > 农田 > 马尾松林 > 灌丛。不同植被类型下基于土壤化学、生物化学指标的土壤质量综合评价得分值（I_{SQ}）的变化范围为 – 1.637 ~ 2.278，依次为：女贞林 > 灌丛 > 马尾松林 > 农田，即研究区域土壤质量表现为次生林高于农田，自发恢复的灌丛低于人工阔叶林且高于人工针叶林。

表 7-4　不同植被类型下主成分、综合评价指标得分及排序

植被类型	指标 1		指标 2		指标 3		土壤质量综合评价指标	
	得分	名次	得分	名次	得分	名次	I_{SQ}	名次
农田	– 0.11	3	– 1.50	4	– 0.04	2	– 1.637	4
灌丛	0.96	1	0.46	2	– 1.06	4	0.360	2
女贞林	0.50	2	0.43	3	1.35	1	2.278	1
马尾松林	– 1.35	4	0.60	1	– 0.25	3	– 1.001	3

7.4.5 不同植被类型下的土壤质量综合评价

对相同样地净生态系统碳交换（NEE）的估算结果（课题组未发表数据，程建中）表明，农田与人工林均表现为碳汇，其生态系统碳汇量分别为 1.03（农田）、0.43（女贞林）和 2.68（马尾松林）t C·ha^{-1}·a^{-1}，从碳汇总量来看马尾松林高达 1.39×10^6 t C·a^{-1}，其生态系统具有最大的碳汇功能，而灌丛样点则表现为碳源（3.02 t C·ha^{-1}·a^{-1}），其总量高达 6.80×10^6 t C·a^{-1}；从植被年均固氮量来看，各样点表现为女贞林 > 灌丛 > 农田 > 马尾松林，介于 67.31 ~ 182.52 kg·ha^{-1}·a^{-1}。

农业活动（施肥）在一定程度上增加了土壤无机 N 总量，但农田养分含量、微生物活性都最低，土壤养分以 NH_3、NO_x 的形态大量流失，土壤酶活性相对较低，其土壤质量也最低。

灌丛土壤养分含量、SMBC、SMBN 及 N 循环速率均高于人工林和农田，但其土壤中具有反硝化能力的酶的丰度高，潜在 N_2O 流失严重，且土壤酶活性较弱（见第 6 章），微生物群落结构不合理，微生物较易利用的有机碳缺乏，其生态系统表现为碳源功能，土壤质量低于女贞林，但高于人工针叶林。自然植被的恢复是提高土壤质量的有效途径（杨小青，等，2009），林昌虎等（林昌虎，等，2007）采集了贵州东部石漠化地区林地、草地、农用地和退耕还林地的土壤样品进行室内分析，认为该区域可在自然条件下恢复土壤 N 元素肥力。自发演替使得石漠化地区退化土壤恢复早期的土壤综合质量、生物学质量较高，土壤抗蚀性能力也表现为灌丛、森林 > 荒草、旱地 > 裸地（何腾兵，等，2006），因此需重视退化土壤恢复初期土壤养分的积累过程，不可一味毁灌开荒、毁灌植树。

国外对人造松林和自然针叶森林研究较多，认为松树能被播种于荒废土地上，为其他树种提高微立地条件，松树的生长使得高度退化的样点有机质重新积累（Van Lear，et al.，1995），但针叶林的枯死枝叶有宿存特性，凋落晚、难贴地面及分解缓慢，常造成地力的衰退，阔叶林凋落物数量大、易分解，其土壤养分含量和土壤生物学活性常高于针叶林（姜春前，等，2002）。研究区域女贞林土壤养分含量仅次于灌丛，土壤无机 N 含量、植被年均固氮量高，林地生产力高于马尾松林；其土壤活性有机碳也高于马尾松林，土壤微生物群落结构合理，反硝化酶活性最高，但潜在 N_2O 流失率低于灌丛，土壤酶活性较强，土壤质量最高。马尾松林基于 g^{-1} SOC 的微生物活性及部分酶活性较高（见本章第 7.2.1、7.2.4 小节），由表 7-4 中的指标 2 可知其土壤 C 循环较快，但其枯落物分解缓慢，林下土壤养分贫瘠，微生物群落规模低于灌丛、女贞林，土壤微生物常生活在因营养限制形成的环境胁迫下（见第 6 章），土壤质量低于人工阔叶林。

7.5　小　结

（1）基于 g^{-1} SOC 来看，研究区域土壤微生物量的差异不明显，土壤有机质含量限制了微生物群落大小；灌丛土壤酶活性低于农田和人工林，马尾松林土壤酶活性高，有机物分解的速度快。

（2）含蛋白质物质转化的加快有利于土壤 N 的积累，土壤可利用 N 的增加可以促进含碳化合物的转化，活性有机碳的增加也促使土壤有机碳的增加。脲酶、蛋白酶对水分条件强响应，基于 g^{-1} SOC 的脲酶、蛋白酶活性越高，微生物体 N 含量越低，微生物矿化有机含氮物而非转化为生物体 N。脲酶对土壤 N 循环过程有极重要的影响，其活性越高，土壤中氨累积越多，反硝化菌群越大，硝化速率越快，潜在反硝化作用越强。

（3）土壤生物活性及相关功能性指标比土壤有机碳、全氮能更好地指示耕作和恢复措施对土壤质量的影响，土壤生物学质量表现为女贞林 > 灌丛 > 马尾松林 > 农田。

8　总　结

8.1　主要结论

　　土壤生物学活性变化是石漠化地区土壤质量的灵敏指标。本书以贵州省贵阳市郊区石灰岩分布地区作为研究区域，在 2008 年 6 月至 2009 年 5 月对不同植被类型下（农田、灌丛和人工林）土壤生物活性变化进行了测定、分析，建立了研究区域土壤质量综合评价的生物学指标体系，对不同植被类型下的土壤质量进行了综合评价，以期为石漠化地区退化土壤的恢复、重建提供科学依据。本研究主要结论如下：

　　（1）从土壤养分条件来看，研究区域土壤 pH 介于 6.0 ~ 7.2，WFPS 的变幅为 48.9% ~ 72.6%。各月含水量在 19.35% ~ 41.68% 变化，季节差异不显著；各月土壤温度变化范围为 2.1 ~ 25.8 ℃，季节差异显著。年均土壤有机碳含量为 31.9 ~ 51.4 $g \cdot kg^{-1}$，明显低于茂兰原始森林；年均全氮含量为 2.9 ~ 4.2 $g \cdot kg^{-1}$。不同植被类型下有机碳、全氮的变异较大，自然恢复的灌丛高于人工林，次生林高于农田；SOC/TN 的比值较低（< 15∶1），表现为土壤有机碳的损失。考虑到呼吸作用中损失的 C，SMBC/SMBN 的范围在 12.5 ~ 15.8，低于代表性平均水平（20），也表明土壤中缺乏较易利用的有机碳。

　　年均氨化速率、硝化速率、净 N 矿化速率分别为 0.21 ~ 0.38 $mg \cdot kg^{-1} \cdot d^{-1}$、0.15 ~ 0.32 $mg \cdot kg^{-1} \cdot d^{-1}$、0.37 ~ 0.70 $mg \cdot kg^{-1} \cdot d^{-1}$，次生林土壤氨化速率夏季最高，夏季是一

年中硝化速率最低的季节，人工林土壤净 N 矿化速率在秋季最低。基于 g^{-1} SOC 来看，人工林之间 N 循环速率差异较小，但针叶林以氨化作用为主，阔叶林以硝化作用为主。

（2）从微生物活性来看，研究区域 SMBC、SMBN 的范围分别为 $377\sim870$ mg·kg^{-1}、$76\sim177$ mg·kg^{-1}，不同植被类型下差异显著，表现为灌丛 > 人工林 > 农田，基于 g^{-1} SOC 的微生物量差异不明显，土壤有机质含量限制了微生物群落的生长。土壤微生物呼吸速率为 $0.17\sim1.68$ μg CO_2-C·g^{-1}·h^{-1}，农田显著低于次生林。与植被类型的极显著影响相比，季节变化、植被与季节交互作用对 SMBC、MR 的影响不显著，土壤含水量的季节变化不显著，二者与土壤温度无显著相关性，可能是季节变化、植被和季节的交互作用不显著的主要原因，但需要大量区域样本进一步证实。

（3）从气态 N 流失来看，研究区域反硝化酶活性的范围主要为 $42\sim990$ ng N_2O-N·g^{-1}·h^{-1}，表现为女贞林 > 灌丛 > 农田 > 马尾松林，女贞林与农田、马尾松林差异显著。潜在反硝化作用的范围主要为 $13\sim1\,851$ ng N_2O-N·g^{-1}·h^{-1}，表现为灌丛 > 女贞林 > 农田 > 马尾松林，马尾松林与其他样地差异显著。低 NO_3^--N 水平和偏酸性土壤环境有利于次生林 N_2O 的排放，女贞林 N_2O 流失率高，但其潜在 N_2O 流失率低于灌丛，马尾松林的 N_2O 流失率较低。农田气态 N 流失形态以 N_2 和 NH_3 挥发为主，N_2O 流失量较低，但其自然释放的 N_2O 通量高，偏碱性的土壤环境、NH_3 和 NO_x 向 N_2O 的转化都是主要原因。

（4）从土壤酶活性来看，研究区域的土壤酶受不同植被类型的影响，而使酶活性表现出不同的趋势，总体上与 C 循环有关的蔗糖酶、淀粉酶及属于氧化还原酶的过氧化氢酶活性均表现为人工林高于灌丛，灌丛土壤对 C 的转化能力弱，但土壤中含 N 有机物的降解速度稍快于人工林。土壤酶之间存在着相互刺激机制，研究区域土壤含 N 有机化合物的转化与蔗糖酶、淀粉酶的转化是相互影响的，且 C 循环比 N 循环更易在土壤中累积过氧化氢，土壤的氧化还原能力增强。土壤蔗糖酶活性与植被的相关性好，随植被生长年限的增加而增加,人工针叶林高于人工阔叶林,不同植被类型下土壤蔗糖酶、淀粉酶、脲酶及过氧化氢酶活性大体上均呈现春季较高的特点;基于 g^{-1} SOC 来看,春季土壤酶活性也普遍较强,养分转化快,有机残体分解速度及腐殖质再合成能力强。农作物生长季节,土壤酶对土壤含碳有机底物的利用效率较高,作物收获后明显降低。

(5)马尾松林土壤 C 循环较快,基于 g^{-1} SOC 的土壤酶活性高,土壤微生物呼吸速率快,有机物分解的速度及强度高,但因其枯落物分解缓慢,林下土壤养分贫瘠,SMBC 低,qCO_2 显著高于其他样地,土壤微生物维持本身生命所需的能量需求较大,构造微生物细胞的 C 的比例相对较小,土壤微生物通常生活在环境胁迫下。基于 g^{-1} SOC 来看,马尾松林微生物活性及部分酶活性较高,研究区域土壤微生物熵表现为马尾松林>灌丛>女贞林>农田,在消除有机碳的影响后,马尾松林 SMBC 高于灌丛和女贞林,进一步支持了马尾松林因营养限制对土壤微生物产生了环境胁迫的观点,其土壤质量低于女贞林和灌丛。

(6)SMBN/TN 表现为灌丛>马尾松林>农田>女贞林,与人工针叶林相比,土壤总氮含量对阔叶林土壤微生物群落有重要影响,女贞林土壤微生物释放出微生物体 N,N 矿化作用高于固定化。然而女贞林土壤养分含量仅次于灌丛,无机 N 含量高,土壤活性有机碳、林地生产力高于马尾松林,土壤微生物群落结构合理,土壤酶活性较强,反硝化酶活性高,但潜在 N_2O 流失率低于灌丛,其土壤质量最高。

(7)灌丛土壤养分含量、SMBC、SMBN 及 N 循环速率均高于人工林和农田,土壤浅表层根及根系分泌物为土壤微生物提供了丰富的能源物质,光合产物主要集中在该区域,坡地环境等都有利于土壤有机质的累积,土壤质量较高。自发恢复可能是石漠化地区退化土壤恢复初期更适合的途径。然而,灌丛土壤中具有反硝化能力的酶的丰度高,潜在 N_2O 流失严重,土壤酶活性弱,微生物群落结构不合理,微生物较易利用的有机碳缺乏。基于 g^{-1} SOC 来看,灌丛土壤酶活性低于农田和人工林,土壤对碳的转化能力弱于人工林,土壤 N 循环速率也低于农田。因此,建议在退化土壤恢复初期使草或灌木先生长,改善立地条件,待土壤有机质恢复到一定程度后,再选择适宜树种按针阔混交方式进行植树造林。

(8)人类活动对农田土壤微生物群落的规模有重要影响,表现为翻耕、施肥等导致土壤微生物量短暂增加。农业活动(施肥)在一定程度上增加了土壤无机 N 尤其是 $NO_3^- - N$ 总量,虽不会立即增加反硝化酶活性,但会增加潜在的气态 N 流失量。农田土壤养分含量、微生物活性及土壤酶活性均较低,土壤质量低于次生林。

(9)从土壤质量各指标的相关性来看,土壤活性有机碳的增加可增加土壤有机碳含量,微生物呼吸速率的加快有利于土壤可利用养分的积累,土壤可利用 N 的增加又可促进含 C 化合物的转化。脲酶对研究区域土壤 N 循环过程有着极其重要的影响,其活性越高,土壤中氨的累积越多,具有反硝化能力菌群酶的丰度越高,潜在反硝化作用越强。蛋白酶活性则对土壤微生物量有着重要贡献,含蛋白质物质转化的加快使得土壤 N 不断积累,基于 g^{-1} SOC 的脲酶、蛋白酶活性越高,微生物体 N 含量越低,微生物矿化有机含氮化合物而非转化为生物体 N。

8.2 研究的创新之处

(1)本书以生物地球化学过程及其对石漠化的响应为科学核心,系统地对不同植被类型下土壤生物学活性变化进行了研究,以期了解西南石漠化地区退化土壤生态修复过程中的生物学机理及养分流失差异,为植被恢复和重建提供科学依据,具有创新性。

(2)前人在研究西南石漠化地区退化土壤恢复机理时,通常将土壤理化性质作为土壤质量评价的指标,本书以能灵敏反应土壤质量变化的生物学参数作为评价指标，构建了研究区域土壤质量综合评价的指标体系，对退化土壤进行了土壤质量综合评价。

（3）传统的氯仿熏蒸-提取法需要大量土壤样本，微生物量 C、N 的校正因子变化较大。本书采用氯仿熏蒸-$UV_{280\,nm}$ 提取法测定微生物量，并基于 UV 的回归方程以分析微生物量 C、N，测定结果与贵州其他喀斯特地区微生物量的变化范围相符。该方法在喀斯特地区具有适用性，能快速、准确、有效地测定石漠化地区土壤微生物量。

8.3 问题及研究展望

（1）本书的研究结果只表明采样期间贵阳石灰土上不同植被类型下的生物学活性变化，季节变化、植被与季节的交互作用不明显，但应建立长期研究，以排除由于采样期间气候反常或立地环境差异造成的实验误差，为退化土壤的植被恢复技术提供强的数据支持。

（2）由于时间紧迫，本研究选取了部分与土壤 C、N 循环相关的生物参数进行研究，要进一步掌握石漠化地区退化土壤恢复的生物学过程，除了需要建立长期研究外，还需要对可溶性有机碳含量、生物固氮作用、氨挥发、土壤渗滤作用等进行研究，此外还需考虑喀斯特地区的限制性养分磷对植被和土壤微生物的影响，将其纳入土壤质量评价体系中。

（3）不同植被尤其是人工林土壤微生物多样性的研究：微生物多样性代表着微生物群落的稳定性，可反映土壤生态机制和土壤胁迫对群落的影响，也可反映重建区域的生态扰动的类型和程度。我们的研究发现人工林土壤微生物群落结构的差异可能是导致阔叶林高微生物量的首要原因，马尾松林土壤微生物常处于环境胁迫中，本书通过测定岩溶区不同植被类型下土壤酶活性来验证土壤微生物多样性对生态系统功能的影响，但微生物多样性在生态系统中的重要性很大程度上是未知的，应进一步进行微生物多样性、分子生物学和生物地理学等方面的研究，以及地上部分和地下部分有机体的联系的动态监测研究（Fu，S. L.，et al.，2009）。森林土壤功能微生物分布的研究、土壤微生物量的研究、土壤微生物多样性的深入研究以及土壤微生物生态研究方法的改进与提高，将成为当前和今后土壤微生物生态学研究的重点（徐文煦，等，2009）。

参考文献

[1] AJWA H A, DELL C J, RICE C W. Changes in enzyme activities and microbial biomass of tallgrass prairie soil as related to burning and nitrogen fertilization[J]. Soil Biology and Biochemistry, 1999, 31 (5): 769-777.

[2] AMBUS P. Control of denitrification enzyme activity in a streamside soil[J]. FEMS Microbiology Letters, 1993, 102 (3-4): 225-234.

[3] ANDERSSON M, MICHELSEN A, JENSEN M, et al. Tropical savannah woodland : effects of experimental fire on soil microorganisms and soil emissions of carbon dioxide[J]. Soil Biology and Biochemistry, 2004, 36 (5): 849-858.

[4] ASERI G K, JAIN N, PANWAR, J, et al. Biofertilizers improve plant growth, fruit yield, nutrition, metabolism and rhizosphere enzyme activities of Pomegranate (Punica granatum L.) in Indian Thar Desert[J]. Scientia Horticulturae, 2008, 117 (2): 130-135.

[5] AUGUSTO L, RANGER J, BINKLEY D, et al. Impact of several common tree species of European temperate forests on soil fertility[J]. Annals of Forest Science, 2002, 59: 233-253.

[6] BARNARD R, LEADLEY P W, LENSI R, et al. Plant, soil microbial and soil inorganic nitrogen responses to elevated CO_2: a study in microcosms of Holcus lanatus[J]. Acta Oecologica, 2005, 27 (3): 171-178.

[7] BARTON L, SCHIPPER L A, SMITH C T, et al. Denitrification enzyme activity is limited by soil aeration in a wastewater-irrigated forest soil[J]. Biology and Fertility of Soils, 2000, 32 (5): 385-389.

[8] BASTVIKEN S K, ERIKSSON P G, PREMROV A, et al. Potential denitrification in wetland sediments with different plant species detritus[J]. Ecological Engineering, 2005, 25(2): 183-190.

[9] BERNAL S, SABATER F, BUTTURINI, A, et al. Factors limiting denitrification in a Mediterranean riparian forest[J]. Soil Biology and Biochemistry, 2007, 39 (10): 2685-2688.

[10] BILLINGS S A, SCHAEFFER S M, EVANS R D. Trace N gas losses and N mineralization in Mojave desert soils exposed to elevated CO_2[J]. Soil Biology and Biochemistry, 2002, 34(11): 1777-1784.

[11] BOYLE S A, RICH J J, BOTTOMLEY P J, et al. Reciprocal transfer effects on denitrifying community composition and activity at forest and meadow sites in the Cascade Mountains of Oregon[J]. Soil Biology and Biochemistry, 2006, 38 (5): 870-878.

[12] BROOKES P C, LANDMAN A, PRUDEN, G, et al. Chloroform fumigation and the release of soil nitrogen: a rapid direct extraction method to measure microbial biomass nitrogen in soil[J]. Soil Biology and Biochemistry, 1985, 17(6): 837-842.

[13] BUCHMANN N. Biotic and abiotic factors controlling soil respiration rates in Picea abies stands[J]. Soil Biology and Biochemistry, 2000, 32 (11-12): 1625-1635.

[14] CAIRNS J J. Restoration ecology[J]. Encyclopedia of Environmental Biology, 1995, 3: 223-235.

[15] CALDWELL B A. Enzyme activities as a component of soil

biodiversity: a review[J]. Pedobiologia, 2005, 49(6): 637-644.

[16] CAO B, HE F Y, XU Q M, et al. Denitrification losses and N_2O emissions from nitrogen fertilizer applied to a vegetable field[J]. Pedosphere, 2006, 16 (3): 390-397.

[17] CAVIGELLI M A, ROBERTSON G P. Role of denitrifier diversity in rates of nitrous oxide consumption in a terrestrial ecosystem[J]. Soil Biology and Biochemistry, 2001, 33 (3): 297-310.

[18] CURRIE W S, NADELHOFFER K J, ABER J D. Redistributions of 15N highlight turnover and replenishment of mineral soil organic N as a long-term control on forest C balance[J]. Forest Ecology and Management, 2004, 196 (1): 109-127.

[19] DIAMOND J. Reflections on goals and on the relationship between theory and practice.//Restoration ecology: a synthetic approach to ecological research. JORDON W R, GILPIN M E, ABER J D. ed. Cambridge: Cambridge University Press, 1987: 329-336.

[20] DORAN J W, SAFLEY M. Defining and assessing soil health and sustainable productivity.//Biological indicators of soil health. PANKHURST C, DOUBE B M, GUPTA V V S R. ed. CAB International, 1997: 1-324.

[21] DU R, LU D, WANG G C. Diurnal, seasonal, and inter-annual variations of N_2O fluxes from native semi-arid grassland soils of inner Mongolia[J]. Soil Biology and Biochemistry, 2006, 38 (12): 3474-3482.

[22] FLORINSKY I V, MCMAHON S, BURTON D L. Topographic control of soil microbial activity: a case study of denitrifiers[J]. Geoderma, 2004, 119 (1-2): 33-53.

[23] FU S L, ZOU X M, COLEMAN D. Highlights and perspectives of soil biology and ecology research in China[J]. Soil Biology

and Biochemistry, 2009, 41 (5): 868-876.

[24] GIESSEN. Impact of fermented organic fertilizers on in-situ trace gas fluxes and on soil bacterial denitrifying communities in organic agriculture. 2006.

[25] GRAYSTON S J, VAUGHAN D, JONES D. Rhizosphere carbon flow in trees, in comparisonwith annual plants: the importance of root exudation and its impact on microbial activity and nutrient availability[J]. Applied Soil Ecology, 1997, 5 (1): 29-56.

[26] GREGO S. Agricultural practices and biological activity in soil[J]. Fresenius Environ Mental Bulleitin, 1996, 5: 282-288.

[27] GrIFFITHS R P, HOMANN P S, RILEY R. Denitrification enzyme activity of Douglas-fir and red alder forest soils of the Pacific Northwest[J]. Soil Biology and Biochemistry, 1998, 30 (8-9): 1147-1157.

[28] HAASE S, PHILIPPOT L, NEUMANN G, et al. Local response of bacterial densities and enzyme activities to elevated atmospheric CO_2 and different N supply in the rhizosphere of Phaseolus vulgaris L[J]. Soil Biology and Biochemistry, 2008, 40 (5): 1225-1234.

[29] HARPER J L. Self-effacing art: restoration as imitation of nature.//Restoration ecology: a synthetic approach to ecological research. JORDON W R, GILPIN M E, ABER J D. ed. Cambridge: Cambridge University Press, 1987: 35-45.

[30] HE X Y, WANG K L, ZHANG W, et al. Positive correlation between soil bacterial metabolic and plant species diversity and bacterial and fungal diversity in a vegetation succession on Karst[J]. Plant and Soil, 2008, 307 (1): 123-134.

[31] HOBBS R J, NORTON D A. Towards a conceptual framework for restoration ecology[J]. Restoration Ecology, 1996, 4 (2): 93-110.

[32] HOODA A K, WESTON C J, CHEN D. Denitrification in effluent-irrigated clay soil under Eucalyptus globulus plantation in south-eastern Australia[J]. Forest Ecology and Management, 2003, 179 (1-3): 547-558.

[33] HOUGHTON R A. The global effects of tropical deforestation[J]. Environmental Science & Technology, 1990, 24 (4): 414-422.

[34] JARVIS S C, HATCH D J, LOVELL R D. An improved soil core incubation method for the field measurement of denitrification and net mineralization using acetylene inhibition[J]. Nutrient Cycling in Agroecosystems, 2001, 59 (3): 219-225.

[35] JENKINSON D S. The effects of biocidal treatments on metabolism in soil: IV. The decomposition of fumigated organisms in soil[J]. Soil Biol. Biochem., 1976, 8(3): 203-208.

[36] JENKINSON D S, POWLSON D S. The effects of biocidal treatments on metabolism in soil: I. Fumigation with chloroform[J]. Soil Biol. Biochem., 1976, 8 (3): 167-177.

[37] JIA G M, CAO J, WANG C Y, et al. Microbial biomass and nutrients in soil at the different stages of secondary forest succession in Ziwulin, northwest China[J]. Forest Ecology and Management, 2005, 217 (1): 117-125.

[38] JORDAN W R I. "Sunflower Forest": ecological restoration as the basis for a new environmental paradigm.//Beyond preservation: restoring and inventing landscape. BALDWIN A D J. ed. Minneapolis: University of Minnesota Press, 1995: 17-34.

[39] KIM Y H, PARK Y J, SONG S H, et al. Nitrate removal without carbon source feeding by permeabilized Ochrobactrum anthropi SY509 using an electrochemical bioreactor[J]. Enzyme and Microbial Technology, 2007, 41 (5): 663-668.

[40] LEINWEBER P, JANDL G, BAUM, C, et al. Stability and composition of soil organic matter control respiration and soil

enzyme activities[J]. Soil Biology and Biochemistry, 2008, 40
（6）: 1496-1505.

[41] LENSI R, MAZURIER S, GOURBIERE F, et al. Rapid
determination of the nitrification potential of an acid forest soil
and assessment of its variability[J]. Soil Biology and
Biochemistry, 1986, 18（2）: 239-240.

[42] LI J, ZHAO B Q, LI, X Y, et al. Effects of long-term combined
application of organic and mineral fertilizers on microbial
biomass, soil enzyme activities and soil fertility[J]. Agricultural
Sciences in China, 2008, 7（3）: 336-343.

[43] LUO J, TILLMAN R W, BALL P R. Grazing effects on
denitrification in a soil under pasture during two contrasting
seasons[J]. Soil Biology and Biochemistry, 1999, 31（6）:
903-912.

[44] LYYEMPERUMAL K, ISRAEL D W, SHI W. Soil microbial
biomass, activity and potential nitrogen mineralization in a
pasture: impact of stock camping activity[J]. Soil Biology and
Biochemistry, 2007, 39: 149-157.

[45] MAIER R M, PEPPER I L, GERBA C P. 环境微生物学（下
册）[M]. 张甲耀, 宋碧玉, 郑连爽, 等, 译. 北京, 科学出
版社, 2004.

[46] MAYNARD D G, KALRA Y P. Nitrate and exchangeable
ammonium nitrogen.//Soil sampling and methods of analysis.
GREGORICH E G, CARTER M R. ed. Florida : Lewis
Publishers, 1993: 25-38.

[47] MCKEON C A, JORDAN F L, GLENN E P, et al. Rapid nitrate
loss from a contaminated desert soil[J]. Journal of Arid
Environments, 2005, 61（1）: 119-136.

[48] MCLAIN J E T, MARTENS D A. N_2O production by
heterotrophic N transformations in a semiarid soil[J]. Applied

Soil Ecology, 2006, 32（2）: 253-263.

[49] NANNIPIERI P, KANDELER E, RUGGIERO P. Enzymes in the environment : activity , ecology and applications.//Enzyme activities and microbiological and biochemical processes in soil. BURNS R G, DICK R P. ed. New York: Marcel Dekker, 2002: 1-33.

[50] NORDIN A, STRENGBOM J, ERICSON L. Responses to ammonium and nitrate additions by boreal plants and their natural enemies[J]. Environmental Pollution, 2006, 141（1）: 167-174.

[51] NORMAN R J, EDBERG J C, STUCKI J W. Determination of nitrate in soil extracts by dual-wavelength ultraviolet speetrophotometry[J]. Soil Science Society of America Journal, 1985, 49: 1182-1185.

[52] NUNAN N, MORGAN M A, HERLIHY M. Ultraviolet absorbance（280 nm）of compounds released from soil during chloroform fumigation as an estimate of the microbial biomass[J]. Soil Biology and Biochemistry, 1998, 30（12）: 1599-1603.

[53] O'CONNELL A M, GROVE T S, MENDHAM D S, et al. Impact of harvest residue management on soil nitrogen dynamics in Eucalyptus globulus plantations in south western Australia[J]. Soil Biology and Biochemistry, 2004, 36（1）: 39-48.

[54] OEHLER F, BORDENAVE P, DURAND P. Variations of denitrification in a farming catchment area[J]. Agriculture, Ecosystems & Environment, 2007, 120（2-4）: 313-324.

[55] PIAO H C, HONG Y T, YUAN Z Y. Seasonal changes of microbial biomass carbon related to climatic factors in soils from karst areas of southwest China[J]. Biology and Fertility of Soils, 2000, 30（4）: 294-297.

[56] PINAY G, O'KEEFE T, EDWARDS R, et al. Potential denitrification activity in the landscape of a western alaska drainage basin[J]. Ecosystems, 2003, 6（4）: 336-343.

[57] PINAY G, BARBERA P, CARRERAS-PALOU A, et al. Impact of atmospheric CO_2 and plant life forms on soil microbial activities[J]. Soil Biology and Biochemistry, 2007, 39（1）: 33-42.

[58] QUESADA M, SANCHEZ-AZOFEIFA G A, ALVAREZ-AÑORVE M, et al. Calvo- Alvarado, J., Castillo, A., Espírito-Santo, M. M., Fagundes, M., Fernandes, G. W. Succession and management of tropical dry forests in the Americas: Review and new perspectives[J]. Forest Ecology and Management, 2009, 258（6）: 1014-1024.

[59] ROTHSTEIN D E, CREGG B M. Effects of nitrogen form on nutrient uptake and physiology of Fraser fir （Abies fraseri）[J]. Forest Ecology and Management, 2005, 219（1）: 69-80.

[60] SAETRE P, BÅÅTH E. Spatial variation and patterns of soil microbial community structure in a mixed spruce-birch stand[J]. Soil Biology and Biochemistry, 2000, 32（7）: 909-917.

[61] SALM v d C, DOLFING J, HEINEN M, et al. Estimation of nitrogen losses via denitrification from a heavy clay soil under grass[J]. Agriculture, Ecosystems & Environment, 2007, 119（3-4）: 311-319.

[62] SARDANS J, PEÑUELAS J, ESTIARTE, M. Changes in soil enzymes related to C and N cycle and in soil C and N content under prolonged warming and drought in a Mediterranean shrubland[J]. Applied Soil Ecology, 2008, 39（2）: 223-235.

[63] SAYNES V, HIDALGO C, ETCHEVERS J D, et al. Soil C and N dynamics in primary and secondary seasonally dry tropical forests in Mexico[J]. Applied Soil Ecology, 2005, 29（3）: 282-289.

[64] SCHIMANN H, JOFFRE R, ROGGY J C, et al. Evaluation of the recovery of microbial functions during soil restoration using near-infrared spectroscopy[J]. Applied Soil Ecology, 2007, 37 (3): 223-232.

[65] SCHLESINGER W H. Biogeochemistry: an analysis of global change[M]. Sec. ed. San Diego: Academic Press, 1997.

[66] ŠIMEK M, COOPER J E, PICEK T, et al. Denitrification in arable soils in relation to their physico-chemical properties and fertilization practice[J]. Soil Biology and Biochemistry, 2000, 32 (1): 101-110.

[67] ŠIMEK M, ELHOTTOVÁ D, KLIMEŠ F e, et al. Emissions of N_2O and CO_2, denitrification measurements and soil properties in red clover and ryegrass stands[J]. Soil Biology and Biochemistry, 2004, 36 (1): 9-21.

[68] ŠIMEK M, BRŮČEK P, HYNŠT J, et al. Effects of excretal returns and soil compaction on nitrous oxide emissions from a cattle overwintering area[J]. Agriculture, Ecosystems & Environment, 2006, 112 (2-3): 186-191.

[69] SMITH M S, TIEDJE J M. Phases of denitrification following oxygen depletion in soil[J]. Soil Biology and Biochemistry, 1979, 11 (3): 261-267.

[70] SPARLING G P. Soil microbial biomass, activity and nutrient cycling as indicators.//Biological indicators of soil health. PANKHURST C, DOUBE B M, GUPTA V V S R. New York: CAB International, 1997: 97-120.

[71] STARK C H, CONDRON L M, O'CALLAGHAN M, et al. Differences in soil enzyme activities, microbial community structure and short-term nitrogen mineralisation resulting from farm management history and organic matter amendments[J]. Soil Biology and Biochemistry, 2008, 40 (6): 1352-1363.

[72] STURSOVA M, SINSABAUGH R L. Stabilization of oxidative enzymes in desert soil may limit organic matter accumulation[J]. Soil Biology and Biochemistry, 2008, 40 (2): 550-553.

[73] TEMPLER P H, GROFFMAN P M, FLECKER A S, et al. Land use change and soil nutrient transformations in the Los Haitises region of the Dominican Republic[J]. Soil Biology and Biochemistry, 2005, 37 (2): 215-225.

[74] TIEDJE J M, SIMKINS S, GROFFMAN P M. Perspectives on measurement of denitrification in the field including recommended protocols for acetylene based methods[J]. Plant and Soil, 1989, 115 (2): 261-284.

[75] TISCHNER R, KAISER W, HERMANN B, et al. Nitrate assimilation in plants. Biology of the Nitrogen Cycle. Amsterdam, Elsevier, 2007: 283-301.

[76] TSCHERKO D, KANDELER E, JONES T H. Effect of temperature on below-ground N-dynamics in a weedy model ecosystem at ambient and elevated atmospheric CO_2 levels[J]. Soil Biology and Biochemistry, 2001, 33 (4-5): 491-501.

[77] TURNER B L, BRISTOW A W, HAYGARTH P M. Rapid estimation of microbial biomass in grassland soils by ultra-violet absorbance[J]. Soil Biology and Biochemistry, 2001, 33 (7-8): 913-919.

[78] VELDKAMP E, DAVIDSON E, ERICKSON H, et al. Soil nitrogen cycling and nitrogen oxide emissions along a pasture chronosequence in the humid tropics of Costa Rica[J]. Soil Biology and Biochemistry, 1999, 31 (3): 387-394.

[79] VERNIMMEN R R E, VERHOEF H A, VERSTRATEN J M, et al. Nitrogen mineralization, nitrification and denitrification potential in contrasting lowland rain forest types in Central Kalimantan, Indonesia[J]. Soil Biology and Biochemistry, 2007,

39（12）：2992-3003.

[80] WANG D Q, CHEN Z L, WANG J, et al. Summer-time denitrification and nitrous oxide exchange in the intertidal zone of the Yangtze Estuary[J]. Estuarine, Coastal and Shelf Science, 2007, 73（1-2）：43-53.

[81] WARLAND J S, THURTELL G W. A micrometeorological method for in situ denitrification measurements using acetylene inhibition[J]. Agricultural and Forest Meteorology, 2000, 103（4）：387-391.

[82] WATTS S H, SEITZINGER S P. Denitrification rates in organic and mineral soils from riparian sites: a comparison of N_2 flux and acetylene inhibition methods[J]. Soil Biology and Biochemistry, 2000, 32（10）：1383-1392.

[83] WIDÉN B. Seasonal variation in forest-floor CO_2 exchange in a Swedish coniferous forest[J]. Agricultural and Forest Meteorology, 2002, 111（4）：283-297.

[84] WIGAND C, MCKINNEY R A, CHINTALA M M, et al. Denitrification enzyme activity of fringe salt marshes in New England （USA）[J]. Journal of Environmental Quality, 2004, 33：1144-1151.

[85] XU X, ZHANG T, LIU Z. Calibration model of microbial biomass carbon and nitrogen concentrations in soils using ultraviolet absorbance and soil organic matter[J]. European Journal of Soil Science, 2008, 59（4）：630-639.

[86] YU Z Y, CHEN F S, ZENG D H, et al. Soil inorganic nitrogen and microbial biomass carbon and nitrogen under pine plantations in zhanggutai sandy soil[J]. Pedosphere, 2008, 18（6）：775-784.

[87] YU K, STRUWE S, KJOLLER A, et al. Denitrification rate determined by nitrate disappearance is higher than determined

by nitrous oxide production with acetylene blockage[J]. Ecological Engineering，2008，32（1）：90-96.

[88] ZHANG Y G，LI D Q，WANG H M，et al. The diversity of denitrifying bacteria in the alpine meadow soil of Sanjiangyuan natural reserve in Tibet Plateau[J]. 中国科学通报：英文版，2006，51（10）：1245-1254.

[89] 万忠梅，宋长春. 小叶章湿地土壤酶活性分布特征及其与活性有机碳表征指标的关系[J]. 湿地科学，2008，6（2）：249-257.

[90] 万军. 贵州省喀斯特地区土地退化与生态重建研究进展[J]. 地球科学进展，2003，18（3）：447-453.

[91] 尹俊，马兴跃，邓菊芬，等. 云南石漠化地区草地治理的思考[J]. 草业与畜牧，2008，（3）：25-26，34.

[92] 王世杰. 喀斯特石漠化——中国西南最严重的生态地质环境问题[J]. 矿物岩石地球化学通报，2003，22（2）：120-126.

[93] 王世杰，李阳兵. 喀斯特石漠化研究存在的问题与发展趋势[J]. 地球科学进展，2007，22（6）：573-582.

[94] 王世杰，卢红梅，周运超，等. 茂兰喀斯特原始森林土壤有机碳的空间变异性与代表性土样采集方法[J]. 土壤学报，2007，44（3）：475-483.

[95] 王建锋，谢世友，许建平. 丛枝菌根在石漠化生态恢复中的应用及前景分析[J]. 信阳师范学院学报：自然科学版，2009，22（1）：157-160.

[96] 王国兵，阮宏华，唐燕飞，等. 森林土壤微生物生物量动态变化研究进展[J]. 安徽农业大学学报，2009，38（1）：100-104.

[97] 瓦庆荣. 加快石漠化地区草地植被恢复 促进喀斯特地区生态环境建设[J]. 草业科学，2008，25（3）：18-21.

[98] 白晓永，王世杰，陈起伟，等. 贵州土地石漠化类型时空演变过程及其评价[J]. 地理学报，2009，64（5）：609-618.

[99] 宁晓波，项文化，方晰，等. 贵阳花溪石灰岩、石灰土与定居植物化学元素含量特征[J]. 林业科学，2009，45（5）：34-41.

[100] 任天志，GREGO S. 持续农业中的土壤生物指标研究[J]. 中国农业科学，2000，33（1）：68-75.

[101] 朱兆良. 中国土壤氮素[M]. 南京：江苏科学技术出版社，1992.

[102] 庄铁诚，陈仁华. 武夷山不同森林类型土壤异养微生物数量与类群组成[J]. 厦门大学学报：自然科学版，1997，36（2）：293-298.

[103] 何腾兵，刘丛强，王中良，等. 贵州乌江流域喀斯特生态系统土壤物理性质研究[J]. 水土保持学报，2006，（5）：43-47.

[104] 余涛. 石林县石漠化治理初论[J]. 林业调查规划，2008，33（6）：126-128，132.

[105] 李世清，任书杰，李生秀. 土壤微生物体氮的季节性变化及其与土壤水分和温度的关系[J]. 植物营养与肥料学报，2004，10（1）：18-23.

[106] 李生，姚小华，任华东，等. 黔中石漠化地区不同土地利用方式土壤种子库研究[J]. 南京林业大学学报：自然科学版，2008，32（1）：33-37.

[107] 李生，姚小华，任华东，等. 喀斯特石漠化成因分析[J]. 福建林学院学报，2009，29（1）：84-88.

[108] 李冰，张朝晖. 喀斯特石漠结皮层藓类物种多样性及在石漠化治理中的作用研究[J]. 中国岩溶，2009，28（1）：55-60.

[109] 李品荣，陈强，常恩福，等. 滇东南石漠化山地不同退耕还林模式土壤地力变化初探[J]. 水土保持研究，2008，15（1）：65-68，71.

[110] 李涛，余龙江. 西南岩溶环境中典型植物适应机制的初步研究[J]. 地学前缘，2006，13（3）：180-184.

[111] 李阳兵，王世杰，容丽. 西南岩溶山地石漠化及生态恢复研究展望[J]. 生态学杂志，2004，23（6）：84-88.

[112] 杜睿，王庚辰. 内蒙古典型草原土壤 N_2O 产生的机理探讨[J]. 中国环境科学，2000，20（5）：387-391.

[113] 肖德荣，田昆，张利权. 滇西北高原纳帕海湿地植物多样性与

土壤肥力的关系[J]. 生态学报，2008，28（7）：3116-3124.

[114] 谷勇，陈芳，李昆，等. 云南岩溶地区石漠化生态治理与植被恢复[J]. 科技导报，2009，27（5）：75-80.

[115] 周志华，肖化云，刘丛强. 土壤氮素生物地球化学循环的研究现状与进展[J]. 地球与环境，2004，32（3-4）：21-26.

[116] 周德庆. 微生物学教程[M]. 2版. 北京：高等教育出版社，2002.

[117] 周礼恺. 土壤酶学[M]. 北京：科学出版社，1987.

[118] 易泽夫，荣湘民，彭建伟，等. 微生物变量作为土壤质量评价指标的探讨[J]. 湖南农业科学，2006（6）：64-65，69.

[119] 林昌虎，张清海，段培，等. 贵州东部石漠化地区不同生态模式下土壤氮素变异特征[J]. 水土保持学报，2007，21（1）：128-130，175.

[120] 林启美. 生物参数作为土壤质量评价的指标中英联合研讨会[J]. 国际学术动态，2008，（5）：58.

[121] 邱莉萍，刘军，王益权，等. 土壤酶活性与土壤肥力的关系研究[J]. 植物营养与肥料学报，2004，10（3）：277-280.

[122] 侯满福,蒋忠诚. 茂兰喀斯特原生林不同地球化学环境的植物物种多样性[J]. 生态环境，2006，15（03）：572-576.

[123] 姜春前，徐庆，等. 不同森林植被下土壤化学和生物化学肥力的综合评价[J]. 林业科学研究，2002，15（6）：700-705.

[124] 姚永慧. 中国西南喀斯特石漠化研究进展与展望[J]. 地理科学进展，2014，33（1）：76-84.

[125] 范燕敏，朱进忠，武红旗，等. 伊犁绢蒿荒漠退化草地土壤微生物和酶活性的研究[J]. 新疆农业科学，2009，46（6）：1288-1293.

[126] 徐文煦，王继华，张雪萍. 我国森林土壤微生物生态学研究现状及展望[J]. 哈尔滨师范大学自然科学学报，2009，25（3）：96-100.

[127] 袁道先. 碳循环与全球岩溶[J]. 第四纪研究，1993（01）.

[128] 袁道先. 全球岩溶生态系统对比：科学目标与执行计划[J]. 地

球科学进展，2001，16（4）：461-466.

[129] 郭剑芬，杨玉盛，陈光水，等. 采伐和火烧对森林氮动态的影响[J]. 生态学报，2008，28（9）：4460-4468.

[130] 程建中，李心清，周志红，等. 西南喀斯特地区几种主要土地覆被下土壤 CO_2-C 通量研究[J]. 地球化学，2010，39（3）：82-89.

[131] 覃勇荣，容珍，张康，等. 石漠化生态恢复过程中土壤脲酶活性研究[J]. 现代农业科学，2009，16（1）：41-43，48.

[132] 路鹏，苏以荣，牛铮，等. 土壤质量评价指标及其时空变异[J]. 中国生态农业学报，2007，15（4）：190-194.

[133] 熊康宁，黎平，周忠发. 喀斯特石漠化的遥感-GIS 典型研究：以贵州省为例[M]. 北京：地质出版社，2002.

[134] 魏媛. 退化喀斯特植被恢复中土壤微生物学特性研究——以贵州花江地区为例[D]. 南京：南京农业大学，2008：35-64.

[135] 魏媛，喻理飞，张金池. 退化喀斯特植被恢复过程中土壤微生物活性研究——以贵州花江地区为例[J]. 中国岩溶，2008，27（1）：63-67.

[136] 魏媛，喻理飞，张金池，等. 退化喀斯特植被恢复过程中土壤生态肥力质量评价——以贵州花江喀斯特峡谷地区为例[J]. 中国岩溶，2009，（1）：61-67.

[137] 关松荫. 土壤酶及其研究方法[M]. 北京：中国农业出版社，1986.

[138] 刘丛强，郎赟超，李思亮，等. 喀斯特生态系统生物地球化学过程与物质循环研究：重要性、现状与趋势[J]. 地学前缘，2009，16（6）：1-12.

[139] 刘学炎，肖化云，刘丛强，等. 苔藓新老组织及其根际土壤的碳氮元素含量和同位素组成（$\delta^{13}C$ 和 $\delta^{15}C$）对比[J]. 植物生态学报，2007，31（6）：1168-1173

[140] 刘满强，胡锋，何园球，等. 退化红壤不同植被恢复下土壤微生物量季节动态及其指示意义[J]. 土壤学报，2003，40（6）：

937-944.

[141] 单伟, 刘少峰, 张伟, 等. 马别河流域石漠化影响因素分析[J].
中国水土保持, 2009, (6): 36-38.

[142] 卢耀如. 地质-生态环境与可持续发展: 中国西南及邻近岩溶
地区发展途径[M]. 南京: 河海大学出版社, 2003.

[143] 吕春花, 郑粉莉. 黄土高原子午岭地区植被恢复过程中的土壤
质量评价[J]. 中国水土保持科学, 2009, 7 (3): 12-18, 29.

[144] 吕国红, 周广胜, 赵先丽, 等. 土壤碳氮与土壤酶相关性研究
进展[J]. 辽宁气象, 2005 (2): 6-8.

[145] 吴秀芹, 蔡运龙, 蒙吉军. 喀斯特山区土壤侵蚀与土地利用关
系研究[J]. 水土保持研究, 2005, 12 (4): 46-48.

[146] 吴艺雪, 杨效东, 余广彬. 两种热带雨林土壤微生物生物量碳
季节动态及其影响因素[J]. 生态环境学报, 2009, 18 (2):
658-663.

[147] 孙波, 赵其国. 土壤质量与持续环境: Ⅲ. 土壤质量评价的生
物学指标[J]. 土壤, 1997, 29 (5): 225-234.

[148] 孙瑞莲, 赵秉强, 朱鲁生, 等. 长期定位施肥田土壤酶活性的
动态变化特征[J]. 生态环境, 2008, 17 (5): 2059-2063.

[149] 张平究. 不同生态条件下土壤微生物生物化学和分子生态变
化及其土壤质量指示意义——以太湖地区水稻土和西南喀斯
特土壤为例[D]. 南京: 南京农业大学, 2006: 35~64.

[150] 杨小青, 胡宝清. 喀斯特石漠化生态系统恢复演替过程中土壤
质量特性研究——以广西都安县澄江小流域为例[J]. 生态与
农村环境学报, 2009, 25 (3): 1-5.

[151] 杨成, 刘丛强, 宋照亮, 等. 贵州喀斯特山区植物营养元素含
量特征[J]. 生态环境, 2007, 16 (2): 503-508.

[152] 杨喜田, 宁国华, 董惠英, 等. 太行山区不同植被群落土壤微
生物学特征变化[J]. 应用生态学报, 2006, 17 (9): 1761-1764.

[153] 许桂香. 贵州森林植被历史变迁及其后果初探[J]. 贵州民族
学院学报: 哲学社会科学版, 2010, 5 (5): 69-73.

[154] 赵中秋，后立胜，蔡运龙. 西南喀斯特地区土壤退化过程与机理探讨[J]. 地学前缘，2006，13（3）：185-189.

[155] 赵玉涛，李雪峰，韩士杰，等. 不同氮沉降水平下两种林型的主要土壤酶活性[J]. 应用生态学报，2008，19（12）：2769-2773.

[156] 赵先丽，程海涛，吕国红，等. 土壤微生物生物量研究进展[J]. 气象与环境学报，2006，22（4）：68-72.

[157] 赵吉. 土壤健康的生物学监测与评价[J]. 土壤，2006，38（2）：136-142.

[158] 车小磊. 贵州关岭：关岭模式带动山区脱贫和生态改善[J]. 中国水利，2009，（7）：68-70.

[159] 邹序安，陆引罡，王虎，等. 资源植物博落回在石漠化防治中的生态与经济效益探讨[J]. 湖北农业科学，2009，48（4）：910-913.

[160] 邹彪，张兆国，张德国，等. 几种松树在建水县石漠化地区生长状况研究[J]. 林业调查规划，2008，33（6）：55-58.

[161] 钟林茂，徐小林，古有奎. 宜宾市石漠化土地治理模式初探——以宜宾市内筠连、兴文、珙县等石漠化县为例[J]. 四川林业科技，2008，29（2）：53-57.

[162] 陈伏生，曾德慧，何兴元. 森林土壤氮素的转化与循环[J]. 生态学杂志，2004，23（5）：126-133.

[163] 陈恩凤. 土壤肥力物质基础及其调控[J]. 1990.

[164] 陈彩娥. 石灰岩山区值得推广种植的南酸枣[J]. 广西林业，2007，（4）：46-47.

[165] 黄懿梅，安韶山，薛虹. 黄土丘陵区草地土壤微生物 C、N 及呼吸熵对植被恢复的响应[J]. 生态学报，2009，29（6）：2811-2818.

附　录

附录 A　国务院关于进一步促进贵州经济社会又好又快发展的若干意见（节选）

（国发〔2012〕2 号）

各省、自治区、直辖市人民政府，国务院各部委、各直属机构：

改革开放特别是实施西部大开发战略以来，贵州经济社会发展取得显著成就，进入了历史上发展的最好时期。但由于自然地理等原因，贵州发展仍存在特殊困难，与全国的差距仍在拉大。为进一步促进贵州经济社会又好又快发展，现提出以下意见：

一、总体要求

（一）重要意义。贵州是我国西部多民族聚居的省份，也是贫困问题最突出的欠发达省份。贫困和落后是贵州的主要矛盾，加快发展是贵州的主要任务。贵州尽快实现富裕，是西部和欠发达地区与全国缩小差距的一个重要象征，是国家兴旺发达的一个重要标志。贵州发展既存在着交通基础设施薄弱、工程性缺水严重和生态环境脆弱等瓶颈制约，又拥有区位条件重要、能源矿产资源富集、生物多样性良好、文化旅游开发潜力大等优势；既存在着产业结构单一、城乡差距较大、社会事业发展滞后等问题和困难，又面临着深入实施西部大开发战略和加快工业化、城镇化发展的重大机遇；既存在着面广量大程度深的贫困地区，又初步形成了带动能力较强的黔中经济区，具备了加快发展的基础条件和有利因素，正处在实现历史性跨越的关键时期。进一步促进贵州经济社会又好又快发展，是加快脱贫致富步伐，实现全面建设小康社会目标的必然要求；是发挥贵州比较优势，推动区域协调发展的战略需要；是增进各族群众福祉，促进民族团结、社会和谐的有力支撑；是加强长江、珠江上游生态建设，提高可持续发展能力的重大举措。

（二）指导思想。以邓小平理论和"三个代表"重要思想为指导，深入贯彻落实科学发展观，紧紧抓住深入实施西部大开发战略的历史机遇，以加速发展、加快转型、推动跨越为主基调，大力实施工业强省和城镇化带动战略，着力加强交通、水利设施建设和生态建设，全面提升又好又快发展的基础条件；着力培育特色优势产业，积极构建具有区域特色和比较优势的产业体系；着力加大扶贫攻坚力度，彻底改变集中连片特殊困难地区城乡面貌；着力保障和改善民生，大幅提高各族群众生活水平；着力深化改革扩大开放，不断增强发展的动力和活力，努力走出一条符合自身实际和时代要求的后发赶超之路，确保与全国同步实现全面建设小康社会的宏伟目标。

（三）基本原则。

——坚持科学发展，转变经济发展方式。牢固树立全面协调可持续的发展理念，把后发赶超与加快转型有机结合起来，走新型工业化、城镇化道路，在发展中促转变，在转变中谋发展。

——坚持统筹协调，促进"三化"同步发展。在加快工业化、城镇化进程中，始终把农业现代化建设和社会主义新农村建设放在突出重要位置，推进城乡区域协调发展，构建城乡一体化发展新格局。

——坚持以人为本，切实保障改善民生。始终将解决人民群众切身利益问题摆在全局工作首位，让发展改革成果进一步惠及城乡居民，保护、调动和发挥各族群众盼发展、谋发展、促发展的积极性。

——坚持改革开放，创新发展体制机制。解放思想，锐意进取，把改革开放作为加速发展、加快转型、推动跨越的强大动力，不断破除体制机制障碍，不断优化投资和发展环境，不断提高对内对外开放水平。

——坚持自力更生，加大国家支持力度。充分发扬"不怕困难、艰苦奋斗、攻坚克难、永不退缩"的贵州精神,依靠自身努力加快发展,进一步加大中央支持和发达地区对口帮扶力度。

（四）战略定位。

全国重要的能源基地、资源深加工基地、特色轻工业基地、以航空航天为重点的装备制造基地和西南重要陆路交通枢纽。大力实施优势资源转化战略,构建特色鲜明、结构合理、功能配套、竞争力强的现代产业体系,建设对内对外大通道,打造西部地区重要的经济增长极。

扶贫开发攻坚示范区。按照区域发展带动扶贫开发、扶贫开发促进区域发展的新思路,创新扶贫开发机制,以集中连片特殊困难地区为主战场,全力实施扶贫开发攻坚工程,为新时期扶贫开发工作探索和积累经验。

文化旅游发展创新区。传承优秀传统文化,弘扬社会主义先进文化,探索特色民族文化与旅游融合发展新路子,努力把贵州建设成为世界知名、国内一流的旅游目的地、休闲度假胜地和文化交流的重要平台。

长江、珠江上游重要生态安全屏障。继续实施石漠化综合治理等重点生态工程,逐步建立生态补偿机制,促进人与自然和谐相处,构建以重点生态功能区为支撑的"两江"上游生态安全战略格局。

民族团结进步繁荣发展示范区。认真落实民族政策,支持民族地区加快发展,巩固和发展平等、团结、互助、和谐的民族关系,促进各民族交往交流交融,实现经济跨越发展和社会和谐进步。

（五）发展目标。

到 2015 年,以交通、水利为重点的基础设施建设取得突破性进展;产业结构调整取得明显成效,综合经济实力大幅提升,工业化、城镇化带动作用显著增强,农业现代化水平明显提高;单位地区生产总值能耗明显下降,主要污染物排放总量得到有效控制,环境质量总体保持稳定;石漠化扩展趋势得到初步扭转,森林覆盖率达到 45%;社会事业发展水平明显提升,扶贫对象大幅减少,全面建设小康社会实现程度接近西部地区平均水平。

到 2020 年,适应经济社会发展的现代综合交通运输体系和水利工程体系基本建成;现代产业体系基本形成,经济发展质量和效益明显提高,综合竞争力显著增强,城镇化水平大幅提高,科技创新能力明显提升;石漠化扩展势头得到根本遏制,森林覆盖率达到50%,环境质量良好;基本公共服务达到全国平均水平,城乡居民收入显著提高,实现全面建设小康社会奋斗目标。

……

三、全面实施"三位一体"规划,增强可持续发展能力

坚持把实施《贵州省水利建设生态建设石漠化治理综合规划》(以下称"三位一体"综合规划)放在重要位置,努力消除工程性缺水和生态脆弱的瓶颈制约,促进经济社会可持续发展。

(十二)加大水利建设力度。积极推进夹岩、黄家湾、五嘎冲、马岭等大型水库建设,开工建设一批中小型水库和引提水工程项目,到 2020 年全省工程供水能力达到 159.4 亿立方米。全面完成病险水库除险加固,以及灌区续建配套和灌排泵站改造工程。推进小水窖、小塘坝、小堰闸、小泵站、小渠道等"五小"微型水利工程建设。到2020 年灌溉供水保证率达到 75%,新增有效灌溉面积 515 万亩,改善和恢复有效灌溉面积 715 万亩。加大中小河流治理及山洪、地质灾害防治力度,加强重点城镇防洪工程建设,完善防汛抗旱灾害监测预报预警体系。统筹利用地表水和地下水资源,加强岩溶地下水和地下暗河开发利用,建设一批应急水源工程,提高抗旱应急能力。实行最严格的水资源管理制度。加强水资源和水利工程设施管理,促进水资源合理开发和节约利用。在安排中央财政转移支付和中央预算内投资时,加大对贵州水利建设投入力度,支持贵州如期完成"三位一体"综合规划提出的水利建设目标。

(十三)扎实推进生态保护与建设。继续实施天然林资源保护、长江珠江防护林、速生丰产林、水土保持等工程,加强水源地和湿地保护。增加造林和抚育任务。对生态位置重要的陡坡耕地继续实施退耕还林还草。加大草山草坡治理力度,扩大退牧还草重点县范围。加强自然保护区、风景名胜区、森林公园、地质公园、世界自

然遗产地保护和建设，保护生物多样性，提升生态系统功能。支持贵州开展生态补偿机制试点。

（十四）突出抓好石漠化综合治理。进一步加大石漠化防治力度，提高单位面积治理补助标准，到 2020 年石漠化综合治理工程全面覆盖工程小区。坚持自然修复为主，宜林则林，宜草则草，推进封山育林（草），加强林草植被保护和建设，开展坡耕地水土流失综合治理。把石漠化治理与解决好农民长远生计结合起来，多种途径促进农民增收致富。大力发展林下产业，加强山区特色经济林建设，支持因地制宜发展花椒、金银花、猕猴桃、火龙果、核桃等经济作物。抓紧研究论证生态搬迁工程。

（十五）加强环境保护。继续推进乌江、赤水河和南北盘江等流域水环境综合整治，实施红枫湖、百花湖、万峰湖等饮用水水源地环境综合整治工程，加强草海等湖泊环境保护和综合防治。推进城镇和产业园区环保基础设施建设，加强危险废物处理以及锰汞等重金属、持久性有机污染物防治。强化重点行业污染控制和区域大气污染防治。全面加强矿区生态保护与环境综合治理，完善矿山环境治理恢复保证金制度。采取有效措施，开展农村土壤环境保护和农业面源污染治理。完善环境监测预警系统，建立环境污染事故应急处置体系。

……

六、发展现代农业，强化农业基础地位

在稳定粮食生产的基础上，进一步推进农业结构调整，积极发展产业化经营，走高产高效、品质优良、绿色有机、加工精细的现代农业发展道路。

（三十）大力推进农业结构调整。实行最严格的耕地保护制度，确保耕地保有量和基本农田保护面积不减少、质量有提高。加强旱涝保收高标准农田建设，确保人均基本口粮田不低于 0.5 亩。通过稳步提高单产，确保粮食年产量稳定在 230 亿斤以上。积极调整农业种植结构，立足不同区域特色，巩固发展油菜、马铃薯等传统优势农产品，积极推进茶叶、干鲜果、中药材、酿酒高粱、油茶等基地建设，因地制宜发展薏苡、苦荞、芸豆、芭蕉芋等小杂粮。实施山地高效立体农业工程，建设贵阳、遵义、毕节等山区现代农业示范区和铜仁、黔东南、黔南生态农业示范区、安顺山地农业机械示范区以及黔西南、六盘水喀斯特山区特色农业示范区。完善农业区域布局，重点在贵州北部地区建设粮、畜、茶生产基地，在南部地区建设面向珠三角地区的蔬菜、精品水果生产基地，在西北部地区建设草食畜牧业和马铃薯生产基地。稳定生猪生产。重点支持特色优势农产品良种繁育基地和商品生产基地建设，继续实施对种植马铃薯脱毒种薯的良种补贴，逐步扩大原种生产补贴规模。深入开展粮油作物高产创建和园艺作物标准园建设。

（三十一）着力提高农业产业化水平。重点培育和引进一批农业产业化龙头企业，以农产品生产基地为依托，形成若干具有当地特色和资源优势的农业产业化示范基地。引导龙头企业与农民结成紧密的利益共同体，让农民更多地分享产业化经营成果。着力提高农民组织化程度，扶持农民专业合作社、专业服务公司、专业技术协会等组织发展，为农民提供多种形式的生产经营服务。促进农产品加工业结构调整与升级，支持发展绿色食品和有机食品，加大特色农产品注册商标和地理标志开发保护力度，打造一批具有较强影响力的品牌。

（三十二）建立健全农业服务体系。加强贵州农业科研院所的基础能力建设，提高粮食经济作物和畜禽良种选育、丘陵山地适用农业机械技术研究和实用技术推广水平。健全乡镇农业技术推广、动植物疫病防控、农业机械推广和安全监理、农产品质量安全监管和检验检测服务体系。积极推进农产品质量安全标准示范县建设。支持农村市场和农产品现代流通体系建设。扶持农村物流企业发展，对物流配送中心、农产品批发市场和鲜活农产品冷链物流建设给予补助。支持贵阳花溪农产品、遵义虾子镇辣椒以及黔东南榕江、黔南独山和黔西南册亨蔬菜等批发市场建设。推进农业信息服务网络建设，积极探索信息服务进村入户的有效途径。

（三十三）积极拓宽农民增收渠道。坚持向农业的深度和广度进军，重点发展特色种养业、山地农业、设施农业和庭院经济，提高农民家庭经营收入。大力发展休闲农业和乡村旅游，多渠道增加农民收入。培育一批农产品加工示范企业和项目，带动农民就近就地转移就业。进一步加强农业职业技术院校建设，为农村培养实用技术人才。积极发展劳务经济，加大农村劳动力培训力度，发挥劳务中介组织作用，扩大劳务输出。实施农民创业促进工程，大力支持外出农民工返乡创业。探索农村集体和农户在当地资源开发项目中入股，增加农民财产性收入。

......

（三十六）支持民族地区跨越发展。把促进民族地区发展作为区域开发工作的重点，采取更加有力的措施加快"三州"和其他民族自治地方的发展。编制相关专项建设规划，加大资金投入和工作力度，尽快解决制约发展的突出问题，探索符合民族地区实际的发展模式。把"三州"民族地区建设成为承接产业转移、旅游休闲度假、民族文化保护和生态文明示范区。支持黔东南州实施凯里——麻江同城化发展，加强清水江、都柳江等流域综合治理，有序发展林浆纸一体化，建设西南林产业基地，率先开展自治州辖区行政体制改革研究。支持黔南州建设瓮安——福泉地区磷煤电一体化基地和中药材、茶叶种植基地，支持水族文化博物馆建设。支持黔西南州建设滇桂黔三省结合部商贸物流中心和西江上游经济区的能源化工、原材料加工基地。加大毛南族、仫佬族人口较少民族扶贫开发力度。充分挖掘民族地区丰富的民族文化和旅游资源，培育和扶持苗岭飞歌、侗族大歌、布依族八音坐唱等民族文化品牌，建设民族文化展演中心。扶持民族特需商品定点生产企业发展，支持民族特需商品生产基地和区域性流通贸易交易市场建设。尊重少数民族生活居住习惯，规划建设一批民族特色村寨，加强木质房屋村寨防火设施建设。结合全国主体功能区规划修编，将符合条件的生态功能重要区域纳入国家重点生态功能区范围。

......

九、深化体制机制改革，全面推进对内对外开放

......

（四十三）深化区域合作。进一步加强与周边地区的交流与合作，

实现基础设施互联互通，促进要素自由流动，构建产业分工协作体系。完善黔川渝区域协作机制，深化与成渝经济区在电子信息、装备制造、轻工、能源原材料等领域的合作，推进渝黔能源基地建设。积极参与武陵山经济协作区建设，建立信息共享平台，共同推进基础设施建设、生态环境保护和旅游资源开发。统筹攀西　六盘水经济区规划建设，强化资源集约开发和循环利用。促进滇黔桂粤西江流域航运、能源、旅游等领域合作。推动泛珠三角地区合作，拓展区域合作空间和领域，加强与珠三角、长三角地区的经济联系，承接产业转移，打造东西合作示范基地。

　　……

　　十、强化政策支持，加大投入力度

　　……

　　（四十九）土地政策。全面完成新一轮土地利用总体规划的编制工作，在不突破规划约束性指标的前提下，支持贵州建立和完善土地利用总体规划严格管控、动态评估与适时修改机制。在贵州开展国土规划编制试点。在安排土地利用年度计划、城乡建设用地增减挂钩周转指标等方面加大对贵州的倾斜支持力度。支持贵州健全并落实严格的节约集约用地制度，支持创新土地利用方式。将贵州确定为全国开发未利用低丘缓坡实施工业和城镇建设试点地区，相关指标单列管理。支持探索通过土地整理提高耕地质量等级、折抵新增耕地占补平衡指标的途径。在毕节试验区推进国土资源管理制度配套改革试点。

　　……

　　支持贵州经济社会又好又快发展，是一项长期而艰巨的任务。各有关方面要进一步增强责任感和紧迫感，统一思想，戮力同心，开拓进取，扎实工作，努力推动贵州经济社会发展历史性跨越，为实现全面建设小康社会宏伟目标作出新的贡献。

国务院

二〇一二年一月十二日

附录 B　中国石漠化状况公报

（国家林业局　2012 年 6 月）

前　言

我国石漠化主要发生在以云贵高原为中心，北起秦岭山脉南麓，南至广西盆地，西至横断山脉，东抵罗霄山脉西侧的岩溶地区。行政范围涉及黔、滇、桂、湘、鄂、渝、川和粤 8 省（区、市）463 个县，国土面积*107.1 万平方公里，岩溶面积 45.2 万平方公里。该区域是珠江的源头，长江水源的重要补给区，也是南水北调水源区、三峡库区，生态区位十分重要。石漠化是该地区最为严重的生态问题，影响着珠江、长江的生态安全，制约区域经济社会可持续发展。

为全面掌握岩溶地区石漠化现状和动态变化，2011 年初开始，国家林业局组织开展了岩溶地区第二次石漠化监测工作，直接参加监测工作的技术人员达 4000 余人，历时一年半，采用地面调查与遥感技术相结合，以地面调查为主的技术路线，全面应用"3S"技术，共区划和调查地面图斑 230 多万个，建立了包括 4 万余个 GPS 特征点，近亿条信息在内的岩溶地区石漠化监测地理信息管理系统，取得了客观、可靠的监测数据。

监测结果表明，我国土地石漠化整体扩展的趋势得到初步遏制，由过去持续扩展转变为净减少，岩溶地区生态状况呈良性发展态势，但局部地区仍在恶化，防治形势仍很严峻。

一、石漠化①土地现状

截至 2011 年底，岩溶地区石漠化土地总面积为 1200.2 万公顷，

注：* 现在准确的用词应为"土地面积"，但当时的文件原文使用了该词，
　　　为了保证引用的文件的完整性和原始性，此处予以保留。——编者注

占岩溶土地面积的 26.5%，占区域国土面积的 11.2%，涉及湖北、湖南、广东、广西、重庆、四川、贵州和云南 8 个省（区、市）455 个县 5575 个乡。

1. 按省份分布状况。

贵州省石漠化土地面积最大，为 302.4 万公顷，占石漠化土地总面积的 25.2%；云南、广西、湖南、湖北、重庆、四川和广东石漠化土地面积分别为 284 万公顷、192.6 万公顷、143.1 万公顷、109.1 万公顷、89.5 万公顷、73.2 万公顷和 6.4 万公顷，分别占石漠化土地总面积的 23.7%、16%、11.9%、9.1%、7.5%、6.1% 和 0.5%（图 1）。

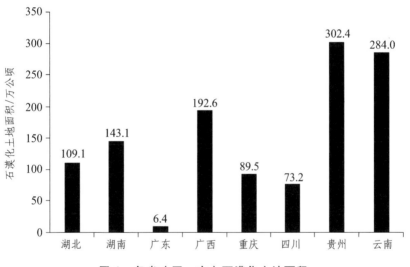

图 1　各省（区、市）石漠化土地面积

2. 按流域分布状况。

长江流域石漠化土地面积为 695.6 万公顷，占石漠化土地总面积的 58%；珠江流域石漠化土地面积为 426.2 万公顷，占 35.5%；红河流域石漠化土地面积为 57 万公顷，占 4.8%；怒江流域石漠化土地面积为 14.7 万公顷，占 1.2%；澜沧江流域石漠化土地面积为 6.7 万公顷，占 0.5%（图 2）。

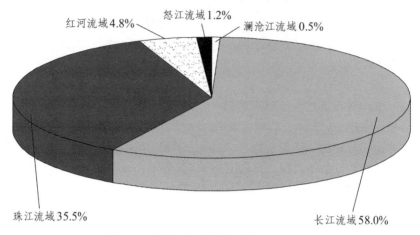

图 2　不同流域石漠化土地面积比重图

3. 按程度分布。

轻度石漠化土地面积为 431.5 万公顷，占石漠化土地总面积的 36%；中度石漠化土地面积为 518.9 万公顷，占 43.1%；重度石漠化土地面积为 217.7 万公顷，占 18.2%；极重度石漠化土地面积为 32 万公顷，占 2.7%（图 3）。

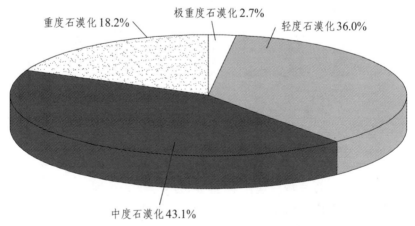

图 3　不同程度石漠化土地面积比重图

二、潜在石漠化②土地现状

截至 2011 年底，岩溶地区潜在石漠化土地总面积为 1331.8 万公顷，占岩溶土地面积的 29.4%，占区域国土面积的 12.4%，涉及湖北、湖南、广东、广西、重庆、四川、贵州和云南 8 个省（区、市）463 个县 5 609 个乡。

1. 按省份分布状况。

贵州省潜在石漠化土地面积最大，为 325.6 万公顷，占潜在石漠化土地总面积的 24.5%；湖北、广西、云南、湖南、重庆、四川和广东，分别为 237.8 万公顷、229.4 万公顷、177.1 万公顷、156.4 万公顷、87.1 万公顷、76.9 万公顷和 41.5 万公顷，分别占潜在石漠化土地总面积的 17.9%、17.2%、13.3%、11.7%、6.5%、5.8% 和 3.1%（图 4）。

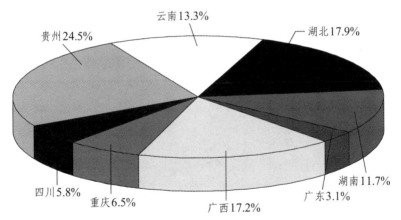

图 4 各省（区、市）潜在石漠化土地面积比重图

2. 按流域分布状况。

长江流域潜在石漠化土地面积最大，为 870.7 万公顷，占潜在石漠化土地总面积的 65.4%；珠江流域潜在石漠化土地面积为 405.5 万公顷，占 30.5%；红河流域潜在石漠化土地面积为 26.9 万公顷，占 2%；澜沧江流域潜在石漠化土地面积为 15 万公顷，占 1.1%；怒江流域潜在石漠化土地面积为 13.6 万公顷，占 1.0%（图 5）。

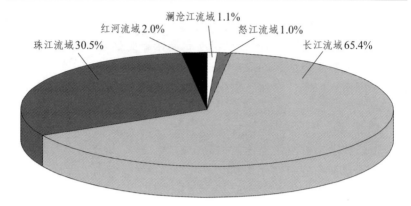

图 5　不同流域潜在石漠化土地面积比重图

三、石漠化土地动态变化

监测显示，截至 2011 年底，岩溶地区有石漠化土地 1 200.2 万公顷，与 2005 年（第一次石漠化监测信息基准年）相比，石漠化土地面积减少 96 万公顷，减少了 7.4%，年均减少面积 16 万公顷，年均缩减率为 1.27%（图 6）。（据专家研究，上世纪 90 年代，石漠化土地面积年均增加 1.86%，"十五"时期，石漠化土地面积年均增加 1.37%。）

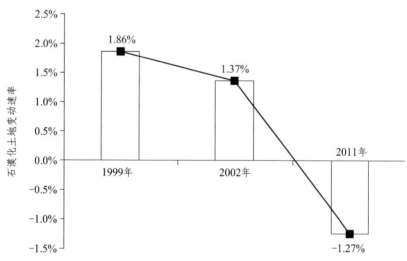

图 6　不同年代石漠化土地变动速率图

1. 各省（区、市）石漠化土地动态变化。

与 2005 年相比，8 省（区、市）石漠化土地面积均有所减少，其中广西石漠化土地减少面积最多，为 45.3 万公顷，减少了 19%；贵州、湖南、四川、云南、湖北、重庆和广东，石漠化土地面积分别减少 29.2 万公顷、4.8 万公顷、4.3 万公顷、4.2 万公顷、3.4 万公顷、3 万公顷和 1.8 万公顷，减少率分别为 8.82%、3.26%、5.56%、1.44%、3.02%、3.28%、21.57%（表 1）。

表 1　各省（区、市）石漠化土地动态变化表

单位：公顷

单位	石漠化		单位	石漠化	
	面积变化	变动率（%）		面积变化	变动率（%）
合计	- 959 917.0	- 7.41			
湖北	- 33 971.1	- 3.02	重庆	- 30 352.2	- 3.28
湖南	- 48 145.6	- 3.26	四川	- 43 096.2	- 5.56
广东	- 17 553.8	- 21.57	贵州	- 292 317.5	- 8.82
广西	- 452 855.5	- 19.03	云南	- 41 625.1	- 1.44

2. 石漠化程度动态变化。

与 2005 年相比，轻度石漠化土地面积增加 75.2 万公顷，增加了 21.1%；中度石漠化土地面积减少 73 万公顷，减少了 12.3%；重度石漠化土地面积减少 75.7 万公顷，减少了 25.8%；极重度石漠化土地面积减少 22.5 万公顷，减少了 41.3%（图 7）。轻度、中度、重度与极重度石漠化土地面积占石漠化土地总面积的比重由第一次监测的 27.5∶45.7∶22.6∶4.2 变化为本次监测的 36∶43.1∶18.2∶2.7，轻度石漠化土地较 2005 年增加 8.5 个百分点。

3. 植被结构变化。

岩溶地区植被状况好转，植被盖度增加 4.4%。植被结构在改善，乔木型和灌木型的比例增加 2.2%，无植被类型的比例减少 0.8%。

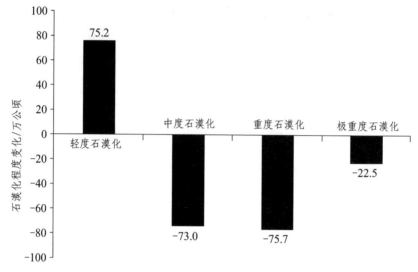

图7　石漠化程度动态变化图

4. 石漠化耕地变化。

与2005年相比，发生在耕地上（主要为坡耕地）的石漠化土地面积增加了43 431.9公顷，年均增加7 238公顷，其中失去耕种条件的面积为28 616.7公顷，年均以4 769公顷的速度弃耕，部分坡耕地质量进一步下降。

5. 重点区域石漠化动态变化。

本次监测选择了石漠化土地分布广、变动显著，对生态环境、社会经济发展影响大、社会关注度高的贵州毕节地区、三峡库区、珠江中上游广西河池百色区域、湖南湘西武陵山区，以及形势仍很严峻、石漠化继续扩展的云南曲靖珠江源区进行重点监测，情况是：

（1）毕节地区。2011年石漠化土地面积为59.8万公顷，比2005年净减少5.42万公顷，减少8.31%，年均缩减率1.4%。

（2）三峡库区。2011年石漠化土地面积为66.8万公顷，比2005年净减少2.7万公顷，年均缩减率为0.7%。

（3）珠江上游百色河池地区。2011年石漠化土地面积为115.6万公顷，比2005年净减少27.1万公顷，减少19%，年均缩减率为3.5%。

（4）湘西武陵山区。2011年石漠化土地面积为24.8万公顷，比2005年净减少3.8万公顷，年均缩减率为2.4%。

（5）曲靖珠江源区。因连续3年遭受干旱，2011年石漠化土地面积为8.7万公顷，比2005年净增加2.8万公顷，年均扩展率为6.8%。

四、石漠化动态变化原因分析

监测结果显示：岩溶地区石漠化出现净减少，生态状况向良性方向发展，其成因是多方面的，其中：人工造林种草和植被保护对石漠化土地逆转发挥着主导作用，其贡献率达72%；土地压力减轻和农村能源结构调整促进的植被自然修复贡献率为18%；实施农业工程与农业技术措施的贡献率为7%；其他因素的贡献率为3%。具体分析如下：

1. 林草植被保护政策的实施，促进了石漠化地区的植被恢复。

1999年以来，国家相继出台了天然林保护、生态公益林补偿、草原生态补偿等政策，大幅度增加对林草植被保护的投入，抑制了不合理的人为活动，调动了广大群众保护林草植被的积极性，促进了岩溶地区的林草植被恢复和生态环境改善。

2. 重大生态治理工程的实施，对遏制石漠化扩展起到了重要作用。

1999年以来，国家在石漠化地区实施退耕还林还草工程，加大长江、珠江防护林等重点生态工程建设投入，防治速度明显加快，成效显著。2008年国务院又批复了《岩溶地区石漠化综合治理规划大纲》（2006—2015年），启动石漠化综合治理试点工作，进一步加快了石漠化治理步伐。

3. 集体林权制度改革的推进，对石漠化地区的森林植被保护也有很大促进。

自2005年以来，国家开展了集体林权制度改革，把集体林地林权明确到户，实现了产权明晰、权属稳定，山林成为群众的个人财产，广大林农保护森林、植树造林的积极性空前高涨，促进了森林资源的经营和保护。

4. 坡改梯等农业技术措施的实施，有效地改变了陡坡耕种的状况，减轻了水土流失。特别是通过实施国土整治、农业综合开发、小流域综合治理等项目，采取坡改梯、客土改良、配套小型水利水保设施等措施，建设高标准农田梯地，提高了岩溶地区耕地质量，有效地控制了水土流失。

5. 实施农村人口转移措施，降低了土地的承载力。

通过实行严格的计划生育政策，大力推进农村城镇化建设，积极引导农村富余劳动力劳务输出等措施，降低了农村人口对岩溶土地的依赖程度，减轻了土地的承载压力，促进了生态修复。

6. 农村能源结构的调整，减轻了对区域植被的破坏。

多年来，各地积极推广节煤炉、节柴灶（炉），提高现有生物质能源的利用率，大力推广沼气、太阳能、煤炭、电力、液化气等能源，大幅度减少了薪材在农村能源结构中的比重，有效地促进了植被保护。

五、岩溶地区石漠化形势仍很严峻

监测表明，我国岩溶地区生态状况依然十分脆弱，石漠化防治形势仍很严峻。

1. 防治任务依然艰巨。

目前有12万平方公里石漠化土地，要使岩溶地区的生态状况显著改善，需要经过长期的艰苦努力。特别是石漠化土地基岩裸露度高，成土速度十分缓慢，立地条件差，而且需要治理的石漠化土地立地条件越来越差，治理成本越来越高。

2. 石漠化驱动因素依然存在。

石漠化地区多是老、少、边、穷地区，国家扶贫重点县227个，贫困人口超过5 000万，人口密度每平方千米高达217人，相当于全国人口密度的1.52倍，人口压力大，极易产生对生态资源的破坏现象。

3. 生态系统仍很脆弱。

石漠化地区植被以灌木居多，大部分植被群落处于正向演替的初始阶段，稳定性差，稍有外来破坏因素影响就极有可能逆转，遭受破坏。

4. 人为逆向干扰活动依然严重。

目前边治理、边破坏的现象仍很突出，特别是毁林开垦、樵采薪材的现象还较严重，陡坡耕种、过度放牧等现象还大量存在，给建设成果巩固带来沉重压力。

5. 自然灾害对植被破坏力大。

受全球气候变化影响，干旱、冰冻等极端灾害天气频繁发生，森林火灾多发，森林病虫害严重，植被常常遭受严重破坏。

六、防治对策与建议

搞好石漠化防治必须实行依法防治、科学防治、综合防治，多措并举，打组合拳。

1. 加大防治力度，推进以植被建设为核心的生态工程。

继续实施退耕还林工程，全面启动石漠化综合治理工程，继续推进以坡改梯为重点的土地整治和小流域综合治理；加大植被保护力度，全面实行生态公益林补偿机制，实施天然林保护，强化封山育林，充分发挥石漠化地区的自然修复能力。

2. 落实责任制度，实行石漠化治理行政首长负责制。

要将石漠化防治纳入各地国民经济和社会发展规划，建立地方行政领导防治石漠化任期目标责任制，从省到市、县、乡层层签订责任状，严格考核和奖惩。

3. 实行依法防治，颁布实施石漠化防治法律法规。

尽快研究制订《石漠化防治法》或《石漠化防治条例》，完善石漠化防治法律体系；加大普法教育力度，增强广大群众的生态保护意识和法制观念；严格执行《森林法》、《水土保持法》、《草原法》等法律法规，加大对破坏生态行为的执法力度。

4. 优化结构，减轻生态环境承载压力。

妥善解决"三口"（人口、牲口和灶口）问题，对生活条件极端恶劣，不适宜人居的重度以上石漠化地区，有计划地实施异地扶贫搬迁；对石漠化地区的富余劳动力，开展专业性技能培训，提高农民素质与就业能力，有组织地向东部、中部地区输出；加大农村能源结构调整力度，大力推行节柴改灶、发展小沼气，建立"养殖—

沼气—种植"的农村循环经济模式。

5. 实行跟踪监测，为科学决策提供依据。

建立健全各级石漠化监测机构，落实监测队伍，配备监测设施设备，提高监测工作的组织保障能力；建立基于"3S"技术的石漠化信息管理系统；建立并完善石漠化工程效益监测评价体系，对工程建设进展及成效做出客观评价，为工程建设与各级政府目标责任考核提供基础数据。

6. 优化政策机制，鼓励社会力量参与石漠化防治。

建立稳定的投入机制，加大对石漠化防治的资金投入；完善金融扶持和税收优惠等政策，引导企业、个人等社会资金积极投入石漠化防治事业；全面推进集体林权制度改革，落实产权，坚持"谁治理、谁管护、谁受益"的政策，将责、权、利紧密结合，保障治理者的合法权益。

● 说明 ●

① 石漠化是指在热带、亚热带湿润、半湿润气候条件和岩溶极其发育的自然背景下，受人为活动干扰，使地表植被遭受破坏，导致土壤严重流失，基岩大面积裸露或砾石堆积的土地退化现象，是荒漠化的一种特殊形式。

② 潜在石漠化是指基岩为碳酸盐岩类，岩石裸露度（或砾石含量）在 30%以上，土壤侵蚀不明显，植被覆盖较好（森林为主的乔灌盖度达到 50% 以上，草本为主的植被综合盖度 70% 以上）或已梯土化，但如遇不合理的人为活动干扰，极有可能演变为石漠化土地。

附录 C　贵州省石漠化状况公报

（贵州省林业厅　2012 年 6 月）

贵州是世界上岩溶地貌发育最典型的地区之一，岩溶出露面积占全省总面积的 61.92%，是全国石漠化面积最大、类型最多、程度最深、危害最重的省份。石漠化是制约我省经济社会发展最严重的生态问题，遏制石漠化是我省生态建设的首要任务。

为全面掌握岩溶地区石漠化现状和动态变化，省林业厅按照国家林业局的统一安排，在省发改委、省财政厅、贵州大学等相关部门大力支持下，组织省林业调查规划院和 9 个市（州）的近 1 000 名专业技术人员，在 2005 年第一次石漠化监测的基础上，从 2011 年初开始，历时一年半，完成了第二次石漠化监测。

监测范围为 78 个监测县（市、区）的 1 432 个监测乡（镇）。按照国家林业局统一制定的技术标准，监测采用地面调查与遥感技术相结合，以地面调查为主，全面应用"3S"技术，共区划和调查地面图斑 21.9 万个，小斑 138.0 万个，采集 GPS 特征点 7 905 个，建立了包括 6 210 万条信息在内的岩溶地区石漠化监测管理系统。经专家论证，一致认为监测数据客观、可靠。

监测结果表明，2011 年我省石漠化面积 302.38 万公顷，比 2005 年减少 29.23 万公顷，减少了 8.82%，年均减少面积 4.87 万公顷，年均缩减 1.47%。总体上看，我省石漠化面积减少，程度减轻，石漠化扩展的趋势得到遏制，但局部恶化现象仍然存在，石漠化防治形势依然十分严峻。

一、石漠化土地现状

截止 2011 年底，全省石漠化面积 302.38 万公顷，占全省国土面积的 17.16%。

（一）市（州）分布状况。

贵阳市 18.71 万公顷，遵义市 35.80 万公顷，六盘水市 28.36 万公顷，安顺市 32.99 万公顷，毕节市 59.84 万公顷，铜仁市 27.92 万公顷，黔东南州 13.14 万公顷，黔南州 49.70 万公顷，黔西南州 35.92 万公顷。毕节市石漠化面积最大，占全省的 19.79%，其次是黔南州，占全省的 16.43%，黔东南州石漠化面积最小，占全省的 4.35%。安顺市石漠化发生率最高，为 47.35%，其次为黔西南州 39.69%，第三为六盘水市 36.87%。

（二）流域分布状况。

长江流域石漠化面积 177.80 万公顷，占全省的 58.80%；珠江流域石漠化面积 125.58 万公顷，占 41.20%。在岩溶监测区，珠江流域石漠化发生率为 35.00%，比长江流域石漠化发生率 23.15% 高 11.85 个百分点。全省三级流域中，石漠化发生率最高的是北盘江流域，为 40.66%，其次为南盘江流域，为 39.17%，均属珠江流域。

（三）石漠化程度状况。

在石漠化土地中，轻度石漠化面积 106.49 万公顷，中度石漠化面积 153.41 万公顷，重度石漠化面积 37.50 万公顷，极重度石漠化面积 4.97 万公顷。重度和极重度石漠化主要分布在安顺市、黔西南州、毕节市。

二、潜在石漠化土地

截止 2011 年底，全省潜在石漠化面积 325.56 万公顷，占全省国土面积的 18.48%。

（一）市（州）分布状况。

贵阳市 23.23 万公顷，遵义市 78.03 万公顷，六盘水市 15.91 万公顷，安顺市 12.10 万公顷，毕节市 48.80 万公顷，铜仁市 37.26 万公顷，黔东南州 21.66 万公顷，黔南州 66.21 万公顷，黔西南州 22.35 万公顷。

（二）流域分布状况。

长江流域潜在石漠化面积 240.00 万公顷，占全省的 73.72%；珠江流域 85.56 万公顷，占 26.28%。

三、石漠化土地动态变化

（一）各市（州）石漠化土地变化。与 2005 年相比，石漠化面积减少 29.23 万公顷，减少了 8.82%，年均减少 4.87 万公顷，年均缩减率 1.47%。贵阳市减少 3.82 万公顷，遵义市减少 4.98 万公顷，六盘水市减少 2.88 万公顷，安顺市减少 1.56 万公顷，毕节市减少 5.42 万公顷，铜仁市减少 2.76 万公顷，黔东南州减少 1.74 万公顷，黔南州减少 4.02 万公顷，黔西南州减少 2.04 万公顷。

（二）石漠化程度变化。与 2005 年相比，全省轻度石漠化面积增加 0.63 万公顷，中度石漠化面积减少 19.88 万公顷，重度石漠化面积减少 5.78 万公顷，极重度石漠化面积减少 4.20 万公顷。

（三）植被结构变化。与 2005 年相比，植被状况好转，乔木型、灌木型植被面积增加 157.2 万公顷，植被综合覆盖度提高 5.61%。

（四）石漠化耕地变化。与 2005 年相比，全省旱地石漠化面积减少 3.80 万公顷，但 25°以上坡耕地石漠化面积增加 0.77 万公顷。

（五）流域石漠化变化。与 2005 年相比，长江流域石漠化面积减少 18.92 万公顷，减幅为 9.62%；珠江流域减少 10.31 万公顷，减幅为 7.64%。

（六）贫困地区石漠化变化。与 2005 年相比，武陵山贵州片区石漠化面积减少 5.56 万公顷，减幅为 10.48%；乌蒙山贵州片区石漠化面积减少 5.82 万公顷，减幅为 8.35%；滇桂黔贵州片区石漠化面积减少 8.94 万公顷，减幅为 6.43%。

四、石漠化动态变化原因分析

监测结果显示：石漠化出现净减少，生态向良性方向发展，成因是多方面的，其中：林草植被恢复是石漠化好转的主要原因，贡献率占 62.1%，劳动力转移、生态移民、农村产业及能源结构调整占 18.9%，农业、水利及其他工程措施占 15.0%，其他因素占 4.0%。

（一）生态建设力度不断加大，林业重点工程建设成效充分显现。国家实施西部大开发战略，把生态环境建设作为根本和切入点，相继启动实施了退耕还林、天然林保护、珠江防护林体系建设等林业重点工程，全省森林覆盖率年均增加 1 个百分点以上，岩溶地区生态环境总体改善，工程建设成效充分显现。

（二）林业改革不断深化，政策机制日趋完善。随着集体林权制度改革的深入推进和森林生态效益补偿等政策机制的不断完善，广大林农的合法权益得到维护，保护和经营林业的积极性进一步提升，生态建设成果得到巩固，森林资源不断扩大。

（三）石漠化综合治理试点工作全面启动，治理力度不断加大。2008年，国家启动了石漠化综合治理试点工程，贵州省55个县列为第一批试点县。2011年，贵州78个石漠化县全部纳入国家石漠化综合治理实施范围，石漠化治理步伐进一步加快。

（四）农业产业结构调整和水利设施建设力度加大，减轻了水土流失。通过整合各类涉农资金，大力调整农业产业结构，尤其是在坡耕地上种植茶叶、核桃等经济树种，增加了植被覆盖。同时，通过实施国土整治、农业综合开发、坡改梯、配套小型水利设施等工程措施，建设高标准基本农田，有效控制了水土流失。

（五）农村能源结构得到改善，减少了植被破坏。多年来，各地大力发展沼气，积极推广省柴节煤灶，煤炭、电力、液化气、太阳能等在农村得到普遍应用，大幅度降低了薪柴在农村能源结构中的比重，有效地促进了植被保护。

（六）农村人口减少，对土地的人为干扰减小。通过大力推进城镇化建设，积极组织劳务输出和实施生态移民，农村土地的人口压力减小，促进了岩溶地区生态系统恢复。

五、石漠化防治形势依然严峻

监测表明，我省土地石漠化的扩展趋势虽然得到了遏制，但石漠化防治形势依然十分严峻。

（一）防治任务十分艰巨。我省是全国石漠化面积最大、程度最深、危害最重的省份，石漠化面积占全国的25.2%。按照现在年均净减少500平方公里左右的速度，尚需60年左右才能完成治理任务。随着工程治理的推进，需要治理的石漠化土地立地条件越来越差，治理成本越来越高，治理难度越来越大，石漠化治理任重道远。

（二）生态系统仍很脆弱。我省山高坡陡，岩溶地貌极为发育，生态脆弱性和敏感性极高，已经恢复的林草植被生态稳定性差，稍有人为干扰和自然灾害就可能造成逆转。监测表明，由于近几年我省相继发生凝冻、干旱等自然灾害，导致 19.78 万公顷潜在石漠化土地恶化为石漠化土地。

（三）人为干扰依然严重。导致石漠化的人多、地少、贫穷的社会因素尚未得到根本改变，陡坡耕种、过度放牧、樵采薪柴等现象仍然存在，生态资源遭受破坏的隐患极大。据监测，与 2005 年相比，因陡坡耕种导致 2.96 万公顷潜在石漠化土地转化为石漠化土地，发生在 25° 以上坡耕地的石漠化面积增加了 0.77 万公顷。

六、石漠化防治对策及建议

加快我省石漠化防治，必须加强领导，坚持不懈，举全局之力，多措并举，综合防治。

（一）大力实施工业强省和城镇化带动战略。认真贯彻落实"两加一推"主基调，实施工业强省和城镇化带动战略，加快农村人口转移，大力推进深山区、石山区生态移民，减少土地压力，促进岩溶地区的生态恢复。

（二）切实加强组织领导。建立健全石漠化防治目标责任制，层层落实目标任务，严格考核奖惩。强化部门协调配合，形成山、水、林、田、路综合治理的格局。加强普法教育和宣传，加大对破坏生态行为的执法力度，增强广大群众的生态意识。

（三）加大石漠化治理力度。大力实施以植被恢复为重点的生态工程，按照国家批复的"贵州省水利建设生态建设石漠化治理综合规划"明确的目标任务，提高工程投资标准，加大投资力度，全面加快石漠化治理步伐。继续实施 25° 以上坡耕地退耕还林（草），防止因坡耕地水土流失造成新的石漠化。

（四）坚持生物和工程措施多措并举。大力调整坡耕地种植结构，加大茶叶、核桃等经济树种的种植比例，减少陡坡垦殖，增加植被覆盖，加强水利、水保、土地整治和基本农田建设，通过工程措施，防止水土流失。

（五）总结推广成功治理模式。及时总结石漠化治理的成功经验，按照分类指导、分区施策的原则，大力推广运用成功的治理模式，加大科技支撑力度，提高工程建设的科技含量和建设成效。

（六）鼓励社会各界参与石漠化防治。制定金融和税收优惠政策，以政府投资为引导，鼓励支持社会资金参与石漠化治理。完善相关法律法规，坚持"谁治理、谁受益"，保障企业、个人的合法权益，加快改善石漠化地区的生态环境。

相关链接：

石漠化是指在热带、亚热带湿润、半湿润气候条件和岩溶极其发育的自然背景下，受人为活动干扰，使地表植被遭受破坏，导致土壤严重流失，基岩大面积裸露的土地退化现象。

潜在石漠化是指基岩裸露（石砾含量）30%以上，土壤侵蚀不明显，植被覆盖较好（林木覆盖度50%以上或草本为主的植被综合盖度70%以上）或已梯化的土地，如遇不合理的人为干扰，极有可能演变为石漠化土地。

附录D　贵州省森林条例

（2000年3月24日贵州省第九届人民代表大会常务委员会第十五次会议通过2000年4月3日贵州省人民代表大会常务委员会公告公布）

第一章　总　则

第一条　为了培育、保护和合理利用森林资源，建设良好的生态环境，根据《中华人民共和国森林法》、《中华人民共和国森林法实施条例》和有关法律、法规，结合本省实际，制定本条例。

第二条　在本省行政区域内从事森林、林木的培育种植、采伐利用和森林、林木、林地的经营、保护、管理活动，必须遵守本条例。

第三条　各级人民政府应当制定林业发展规划。县级以上人民政府林业行政主管部门应当根据林业发展规划和国家关于林种划分的规定组织划定本地区的防护林、用材林、经济林、薪炭林和特种用途林，报同级人民政府批准公布。

省重点防护林和特种用途林，由省人民政府林业行政主管部门提出意见，报省人民政府批准公布。重点防护林和特种用途林的面积不得少于全省森林面积的30%。

需将已经批准公布的林种改变为其他林种的，应当报原批准公布机关批准。

第四条　省人民政府林业行政主管部门主管全省林业工作。县级以上人民政府林业行政主管部门主管本行政区域的林业工作。

乡（镇）林业工作站负责本乡（镇）林业管理和林业技术推广服务工作，指导和组织农村集体、个人发展林业生产。

第二章　植树造林

第五条　各级人民政府应当加强生态环境建设，按照国家规定对 25 度以上的坡耕地要制定退耕还林还草的规划，并积极组织实施。

第六条　各级人民政府应认真组织实施植树造林规划，落实目标责任制。植树造林应遵守造林技术规程，使用良种壮苗，实行科学造林，保证质量。

县级人民政府对当年造林情况应认真组织验收，核实造林面积。成活率不足 85% 的，不得计入年度造林完成面积。

第七条　各级人民政府应做好封山育林规划，对新造幼林地和其他必须封山育林的地方，落实封山育林管理责任制，搞好封山育林。

单位和个人承包封山育林，对原有林木要进行评估，合理作价，增值分成由双方议定，签订合同。

第八条　县级以上人民政府林业行政主管部门应当对单位和个人生产、经营和使用的林木种子进行质量监督检查。

从事林木商品种子生产和经营种子的单位和个人，必须经县级以上人民政府林业行政主管部门核发种子生产许可证、种子经营许可证。经营种子的单位和个人凭种子经营许可证到当地工商行政管理部门申请登记注册，领取营业执照后方可经营。

种子生产许可证、种子经营许可证实行年审制度。

第三章　森林保护

第九条　实行县级以上人民政府保护和发展森林资源任期目标责任制，责任到人，定期考核，严格奖惩。具体办法由省人民政府制定。

第十条　县级以上人民政府应当组织有关部门建立护林组织，负责护林工作；乡级人民政府应有专人分管林业工作；有林的和林区的基层单位，应当划定护林责任区，订立护林公约，配备护林员，组织群众护林。

护林员由县级以上人民政府发放证书，依法行使职权。

第十一条　森林防火工作实行各级人民政府行政领导负责制。各级人民政府应当组织有关部门建立健全森林防火组织，编制防火预案，设置和完善防火设施，制定森林防火措施，组织群众预防和扑救森林火灾。

林区野外生产用火实行凭证用火制度，严禁一切非生产性用火。

第十二条　森林病虫害防治实行"预防为主，综合治理"的原则。

各级人民政府应当加强对森林病虫害防治工作的领导，发生暴发性或危险性森林病虫害时，要采取紧急除治措施，协调解决重大问题。

第十三条　对自然保护区以外的珍贵树木和林区内具有特殊价值的植物资源，应当加强保护。未经省人民政府林业行政主管部门批准不得采伐和采集。

禁止采伐、毁坏国家和省级重点保护的珍贵树木、树龄100年以上的古树、胸径100厘米以上的大树和具有历史价值、纪念意义和路标航标作用的名木。

县级以上人民政府林业行政主管部门和有关主管部门负责对本地区的古树、大树、名木进行登记，建立档案，设立标志，划定保护范围，落实管护责任单位。

禁止移植古树、名木。因科学研究等特殊原因必须移植古树、名木的，须报县级以上人民政府林业行政主管部门和有关主管部门批准。

第十四条　县级以上人民政府应当制定天然林保护规划，划定天然林保护区。保护区的范围应标明区界，立牌公示。严禁采伐天然林。

第十五条　各级人民政府应有计划地发展薪炭林，推行改燃、改灶节材技术，逐步实行以煤、电、气代材。农村建房，应逐步减少纯木结构。

第十六条　进行勘查，开采矿藏和修建道路、水利、电力、通讯等各项工程，应当不占（征）用或少占（征）用林地。确需占用或征用林地的必须按《中华人民共和国森林法实施条例》第十六条的规定办理。

　　属于省人民政府林业行政主管部门审核权限范围内的林地，用地单位向县级人民政府林业行政主管部门提出用地申请，由省人民政府林业行政主管部门审核同意后，再报土地行政主管部门依法办理建设用地审批手续。

第四章　森林经营管理

　　第十七条　省人民政府林业行政主管部门应当定期组织森林资源清查，建立资源档案，为编制经营方案，确定采伐限额提供依据。

　　第十八条　划定的防护林和特种用途林，由县级人民政府林业行政主管部门登记造册，立牌公示，并与责任单位或林权单位签订合同，确立管护责任。

　　防护林和特种用途林不得改变为非防护林和非特种用途林。确需改变的，经省人民政府林业行政主管部门审核后，报原审批机关批准。

　　第十九条　禁止任何组织和个人强令国有林场以森林、林木作抵押；禁止用法律、法规规定禁伐的林木作抵押。

　　第二十条　县级以上人民政府林业行政主管部门和有关主管部门应当对森林、林木采伐实施下列检查监督：

　　（一）查验林木采伐许可证；

　　（二）勘察采伐现场；

　　（三）核实采伐情况；

　　（四）进行伐后检查。

　　第二十一条　采伐用材林应严格控制皆伐。确需皆伐的，按国家有关规定办理。

　　第二十二条　任何单位和个人不得擅自进入林区收购木材。需要进入林区收购木材的，按国家有关规定执行。

　　第二十三条　运输木材，必须持有效木材运输证、植物检疫证书。没有木材运输证的，承运的单位和个人不得承运。

　　运输出省的，木材运输证由省人民政府林业行政主管部门或其授权的单位核发；省内运输的，木材运输证由县级以上人民政府林业行政主管部门核发。植物检疫证书，由森林植物检疫机构核发。

运输木材，应当按木材运输证规定的起讫地点运输。途中需改变终点的，应当在当地林业行政主管部门办理有关手续。

第二十四条　对违法运输木材、野生动植物及其产品的，省人民政府依法批准设立的木材检查站有权制止，可以暂扣违法运输的木材、野生动植物及其产品，并经登记保存后立即报请县级以上人民政府林业行政主管部门依法处理。

第二十五条　从事木材经营加工的单位和个人必须向县级以上人民政府林业行政主管部门申领木材经营加工许可证，凭木材经营加工许可证向工商行政管理部门申请登记注册；需异地设点经营加工木材的，应到当地有关主管部门办理有关手续。

木材经营加工许可证实行年审制度。

第二十六条　在森林景观优美，自然景观和人文景物集中，具有一定规模，可供人们游览、休息或进行科学、文化、教育活动的地方规划建立森林公园，应报省人民政府林业行政主管部门批准。

第五章　法律责任

第二十七条　盗伐森林或者其他林木，以立木材积计算不足 0.5 立方米或者幼树不足 20 株的，由县级以上人民政府林业行政主管部门责令补种盗伐株数 10 倍的树木，没收盗伐的林木或者变卖所得，并处盗伐林木价值 3 倍至 5 倍的罚款。

盗伐森林或者其他林木，以立木材积计算 0.5 立方米以上或者幼树 20 株以上的，由县级以上人民政府林业行政主管部门责令补种盗伐株数 10 倍的树木，没收盗伐的林木或者变卖所得，并处盗伐林木价值 5 倍至 10 倍的罚款。

第二十八条　滥伐森林或者其他林木，以立木材积计算不足 2 立方米或者幼树不足 50 株的，由县级以上人民政府林业行政主管部门责令补种滥伐株数 5 倍的树木，并处滥伐林木价值 2 倍至 3 倍的罚款。

滥伐森林或者其他林木，以立木材积计算 2 立方米以上或者幼树 50 株以上的，由县级以上人民政府林业行政主管部门责令补种滥伐株数 5 倍的树木，并处滥伐林木价值 3 倍至 5 倍的罚款。

超过木材生产计划采伐森林或者其他林木的，依照前两款规定处罚。

第二十九条 非法采伐或毁坏古树、大树、名木的，依法赔偿损失；由县级以上人民政府林业行政主管部门或有关部门没收违法采伐的树木和违法所得，处以 1 万元以下的罚款；有违法所得的，并处违法所得 5 倍以上 10 倍以下的罚款。

未经批准移植古树、名木的，责令恢复原状；不能恢复原状，由县级以上人民政府林业行政主管部门按非法毁坏古树、名木处理。

第三十条 无木材运输证运输木材的，由县级以上人民政府林业行政主管部门没收非法运输的木材，对货主可以并处非法运输木材价款 30% 以下的罚款。

运输的木材数量超出木材运输证所准运的运输数量的，由县级以上人民政府林业行政主管部门没收超出部分的木村；运输的木材树种、材种、规格与木材运输证规定不符又无正当理由的，没收其不相符部分的木材。

使用伪造、涂改的木材运输证运输木材的，由县级以上人民政府林业行政主管部门没收非法运输的木材，并处没收木材价款 10% 至 50% 的罚款。

运输木材未持有效植物检疫证书的，由森林植物检疫机构依法处罚。

承运无木材运输证的木材的，由县级以上人民政府林业行政主管部门没收运费，并处运费 1 倍至 3 倍的罚款。

第三十一条 无证经营（含加工）木材的，由县级以上人民政府林业行政主管部门或有关部门没收非法经营的木材或违法所得，可并处违法所得 2 倍以下的罚款。

经营（含加工）无木材运输证或合法来源证明的木材的，比照前款规定处罚。

第三十二条　逾期未到林业行政主管部门办理林木种子生产许可证、种子经营许可证、木材经营加工许可证年审手续的，吊销其许可证。

对吊销种子经营许可证、木材经营加工许可证的，由同级工商行政管理部门依法处理。

第三十三条　非法收购木材和收购盗伐滥伐林木的，由县级以上人民政府林业行政主管部门责令停止违法行为，没收违法收购的林木、木材或者变卖所得，可并处违法收购的林木、木材价款 1 倍以上 3 倍以下的罚款。

第三十四条　违反森林法规，超过批准的年采伐限额发放林木采伐许可证或者超越职权发放林木采伐许可证、木材运输证、补办林木采伐许可证的以及未实施林木采伐检查监督或实施不力导致滥伐林木的，对直接负责的主管人员和其他直接责任人员给予行政处分。

从事森林资源保护、林业监督管理工作的林业行政主管部门的工作人员和其他国家机关的有关工作人员滥用职权、玩忽职守、徇私舞弊的，给予行政处分。

第六章　附　　则

第三十五条　本条例自公布之日起施行。1987 年 3 月 1 日贵州省第六届人民代表大会常务委员会第二十三次会议通过的《贵州省实施〈中华人民共和国森林法〉暂行规定》同时废止。

附录 E　中华人民共和国国务院令

（第 367 号）

《退耕还林条例》已经 2002 年 12 月 6 日国务院第 66 次常务会议通过，现予公布，自 2003 年 1 月 20 日起施行。

总理　朱镕基

二〇〇二年十二月十四日

退耕还林条例

第一章　总　则

第一条　为了规范退耕还林活动，保护退耕还林者的合法权益，巩固退耕还林成果，优化农村产业结构，改善生态环境，制定本条例。

第二条　国务院批准规划范围内的退耕还林活动，适用本条例。

第三条　各级人民政府应当严格执行"退耕还林、封山绿化、以粮代赈、个体承包"的政策措施。

第四条　退耕还林必须坚持生态优先。退耕还林应当与调整农村产业结构、发展农村经济，防治水土流失、保护和建设基本农田、提高粮食单产，加强农村能源建设，实施生态移民相结合。

第五条　退耕还林应当遵循下列原则：

（一）统筹规划、分步实施、突出重点、注重实效；

（二）政策引导和农民自愿退耕相结合，谁退耕、谁造林、谁经营、谁受益；

（三）遵循自然规律，因地制宜，宜林则林，宜草则草，综合治理；

（四）建设与保护并重，防止边治理边破坏；

（五）逐步改善退耕还林者的生活条件。

第六条　国务院西部开发工作机构负责退耕还林工作的综合协调，组织有关部门研究制定退耕还林有关政策、办法，组织和协调退耕还林总体规划的落实；国务院林业行政主管部门负责编制退耕还林总体规划、年度计划，主管全国退耕还林的实施工作，负责退耕还林工作的指导和监督检查；国务院发展计划部门会同有关部门负责退耕还林总体规划的审核、计划的汇总、基建年度计划的编制和综合平衡；国务院财政主管部门负责退耕还林中央财政补助资金的安排和监督管理；国务院农业行政主管部门负责已垦草场的退耕还草以及天然草场的恢复和建设有关规划、计划的编制，以及技术指导和监督检查；国务院水行政主管部门负责退耕还林还草地区小流域治理、水土保持等相关工作的技术指导和监督检查；国务院粮食行政管理部门负责粮源的协调和调剂工作。

县级以上地方人民政府林业、计划、财政、农业、水利、粮食等部门在本级人民政府的统一领导下，按照本条例和规定的职责分工，负责退耕还林的有关工作。

第七条　国家对退耕还林实行省、自治区、直辖市人民政府负责制。省、自治区、直辖市人民政府应当组织有关部门采取措施，保证退耕还林中央补助资金的专款专用，组织落实补助粮食的调运和供应，加强退耕还林的复查工作，按期完成国家下达的退耕还林任务，并逐级落实目标责任，签订责任书，实现退耕还林目标。

第八条　退耕还林实行目标责任制。

县级以上地方各级人民政府有关部门应当与退耕还林工程项目负责人和技术负责人签订责任书，明确其应当承担的责任。

第九条　国家支持退耕还林应用技术的研究和推广，提高退耕还林科学技术水平。

第十条　国务院有关部门和地方各级人民政府应当组织开展退耕还林活动的宣传教育，增强公民的生态建设和保护意识。

在退耕还林工作中做出显著成绩的单位和个人，由国务院有关部门和地方各级人民政府给予表彰和奖励。

　　第十一条　任何单位和个人都有权检举、控告破坏退耕还林的行为。

　　有关人民政府及其有关部门接到检举、控告后，应当及时处理。

　　第十二条　各级审计机关应当加强对退耕还林资金和粮食补助使用情况的审计监督。

第二章　规划和计划

　　第十三条　退耕还林应当统筹规划。

　　退耕还林总体规划由国务院林业行政主管部门编制，经国务院西部开发工作机构协调、国务院发展计划部门审核后，报国务院批准实施。

　　省、自治区、直辖市人民政府林业行政主管部门根据退耕还林总体规划会同有关部门编制本行政区域的退耕还林规划，经本级人民政府批准，报国务院有关部门备案。

　　第十四条　退耕还林规划应当包括下列主要内容：

　　（一）范围、布局和重点；

　　（二）年限、目标和任务；

　　（三）投资测算和资金来源；

　　（四）效益分析和评价；

　　（五）保障措施。

　　第十五条　下列耕地应当纳入退耕还林规划，并根据生态建设需要和国家财力有计划地实施退耕还林：

　　（一）水土流失严重的；

　　（二）沙化、盐碱化、石漠化严重的；

　　（三）生态地位重要、粮食产量低而不稳的。

　　江河源头及其两侧、湖库周围的陡坡耕地以及水土流失和风沙危害严重等生态地位重要区域的耕地，应当在退耕还林规划中优先安排。

第十六条　基本农田保护范围内的耕地和生产条件较好、实际粮食产量超过国家退耕还林补助粮食标准并且不会造成水土流失的耕地，不得纳入退耕还林规划；但是，因生态建设特殊需要，经国务院批准并依照有关法律、行政法规规定的程序调整基本农田保护范围后，可以纳入退耕还林规划。

制定退耕还林规划时，应当考虑退耕农民长期的生计需要。

第十七条　退耕还林规划应当与国民经济和社会发展规划、农村经济发展总体规划、土地利用总体规划相衔接，与环境保护、水土保持、防沙治沙等规划相协调。

第十八条　退耕还林必须依照经批准的规划进行。未经原批准机关同意，不得擅自调整退耕还林规划。

第十九条　省、自治区、直辖市人民政府林业行政主管部门根据退耕还林规划，会同有关部门编制本行政区域下一年度退耕还林计划建议，由本级人民政府发展计划部门审核，并经本级人民政府批准后，于每年 8 月 31 日前报国务院西部开发工作机构、林业、发展计划等有关部门。国务院林业行政主管部门汇总编制全国退耕还林年度计划建议，经国务院西部开发工作机构协调，国务院发展计划部门审核和综合平衡，报国务院批准后，由国务院发展计划部门会同有关部门于 10 月 31 日前联合下达。

省、自治区、直辖市人民政府发展计划部门会同有关部门根据全国退耕还林年度计划，于 11 月 30 日前将本行政区域下一年度退耕还林计划分解下达到有关县（市）人民政府，并将分解下达情况报国务院有关部门备案。

第二十条　省、自治区、直辖市人民政府林业行政主管部门根据国家下达的下一年度退耕还林计划，会同有关部门编制本行政区域内的年度退耕还林实施方案，经国务院林业行政主管部门审核后，报本级人民政府批准实施。

县级人民政府林业行政主管部门可以根据批准后的省级退耕还林年度实施方案，编制本行政区域内的退耕还林年度实施方案，报本级人民政府批准后实施，并报省、自治区、直辖市人民政府林业行政主管部门备案。

第二十一条　年度退耕还林实施方案,应当包括下列主要内容:

(一)退耕还林的具体范围;

(二)生态林与经济林比例;

(三)树种选择和植被配置方式;

(四)造林模式;

(五)种苗供应方式;

(六)植被管护和配套保障措施;

(七)项目和技术负责人。

第二十二条　县级人民政府林业行政主管部门应当根据年度退耕还林实施方案组织专业人员或者有资质的设计单位编制乡镇作业设计,把实施方案确定的内容落实到具体地块和土地承包经营权人。

编制作业设计时,干旱、半干旱地区应当以种植耐旱灌木(草)、恢复原有植被为主;以间作方式植树种草的,应当间作多年生植物,主要林木的初植密度应当符合国家规定的标准。

第二十三条　退耕土地还林营造的生态林面积,以县为单位核算,不得低于退耕土地还林面积的80%。

退耕还林营造的生态林,由县级以上地方人民政府林业行政主管部门根据国务院林业行政主管部门制定的标准认定。

第三章　造林、管护与检查验收

第二十四条　县级人民政府或者其委托的乡级人民政府应当与有退耕还林任务的土地承包经营权人签订退耕还林合同。

退耕还林合同应当包括下列主要内容:

(一)退耕土地还林范围、面积和宜林荒山荒地造林范围、面积;

(二)按照作业设计确定的退耕还林方式;

(三)造林成活率及其保存率;

(四)管护责任;

(五)资金和粮食的补助标准、期限和给付方式;

（六）技术指导、技术服务的方式和内容；

（七）种苗来源和供应方式；

（八）违约责任；

（九）合同履行期限。

退耕还林合同的内容不得与本条例以及国家其他有关退耕还林的规定相抵触。

第二十五条　退耕还林需要的种苗，可以由县级人民政府根据本地区实际组织集中采购，也可以由退耕还林者自行采购。集中采购的，应当征求退耕还林者的意见，并采用公开竞价方式，签订书面合同，超过国家种苗造林补助费标准的，不得向退耕还林者强行收取超出部分的费用。

任何单位和个人不得为退耕还林者指定种苗供应商。

禁止垄断经营种苗和哄抬种苗价格。

第二十六条　退耕还林所用种苗应当就地培育、就近调剂，优先选用乡土树种和抗逆性强树种的良种壮苗。

第二十七条　林业、农业行政主管部门应当加强种苗培育的技术指导和服务的管理工作，保证种苗质量。

销售、供应的退耕还林种苗应当经县级人民政府林业、农业行政主管部门检验合格，并附具标签和质量检验合格证；跨县调运的，还应当依法取得检疫合格证。

第二十八条　省、自治区、直辖市人民政府应当根据本行政区域的退耕还林规划，加强种苗生产与采种基地的建设。

国家鼓励企业和个人采取多种形式培育种苗，开展产业化经营。

第二十九条　退耕还林者应当按照作业设计和合同的要求植树种草。

禁止林粮间作和破坏原有林草植被的行为。

第三十条　退耕还林者在享受资金和粮食补助期间，应当按照作业设计和合同的要求在宜林荒山荒地造林。

第三十一条　县级人民政府应当建立退耕还林植被管护制度，落实管护责任。

退耕还林者应当履行管护义务。

禁止在退耕还林项目实施范围内复耕和从事滥采、乱挖等破坏地表植被的活动。

第三十二条 地方各级人民政府及其有关部门应当组织技术推广单位或者技术人员，为退耕还林提供技术指导和技术服务。

第三十三条 县级人民政府林业行政主管部门应当按照国务院林业行政主管部门制定的检查验收标准和办法，对退耕还林建设项目进行检查验收，经验收合格的，方可发给验收合格证明。

第三十四条 省、自治区、直辖市人民政府应当对县级退耕还林检查验收结果进行复查，并根据复查结果对县级人民政府和有关责任人员进行奖惩。

国务院林业行政主管部门应当对省级复查结果进行核查，并将核查结果上报国务院。

第四章　资金和粮食补助

第三十五条 国家按照核定的退耕还林实际面积，向土地承包经营权人提供补助粮食、种苗造林补助费和生活补助费。具体补助标准和补助年限按照国务院有关规定执行。

第三十六条 尚未承包到户和休耕的坡耕地退耕还林的，以及纳入退耕还林规划的宜林荒山荒地造林，只享受种苗造林补助费。

第三十七条 种苗造林补助费和生活补助费由国务院计划、财政、林业部门按照有关规定及时下达、核拨。

第三十八条 补助粮食应当就近调运，减少供应环节，降低供应成本。粮食补助费按照国家有关政策处理。

粮食调运费用由地方财政承担，不得向供应补助粮食的企业和退耕还林者分摊。

第三十九条 省、自治区、直辖市人民政府应当根据当地口粮消费习惯和农作物种植习惯以及当地粮食库存实际情况合理确定补助粮食的品种。

补助粮食必须达到国家规定的质量标准。不符合国家质量标准的，不得供应给退耕还林者。

第四十条　退耕土地还林的第一年，该年度补助粮食可以分两次兑付，每次兑付的数量由省、自治区、直辖市人民政府确定。

从退耕土地还林第二年起，在规定的补助期限内，县级人民政府应当组织有关部门和单位及时向持有验收合格证明的退耕还林者一次兑付该年度补助粮食。

第四十一条　兑付的补助粮食，不得折算成现金或者代金券。供应补助粮食的企业不得回购退耕还林补助粮食。

第四十二条　种苗造林补助费应当用于种苗采购，节余部分可以用于造林补助和封育管护。

退耕还林者自行采购种苗的，县级人民政府或者其委托的乡级人民政府应当在退耕还林合同生效时一次付清种苗造林补助费。

集中采购种苗的，退耕还林验收合格后，种苗采购单位应当与退耕还林者结算种苗造林补助费。

第四十三条　退耕土地还林后，在规定的补助期限内，县级人民政府应当组织有关部门及时向持有验收合格证明的退耕还林者一次付清该年度生活补助费。

第四十四条　退耕还林资金实行专户存储、专款专用，任何单位和个人不得挤占、截留、挪用和克扣。

任何单位和个人不得弄虚作假、虚报冒领补助资金和粮食。

第四十五条　退耕还林所需前期工作和科技支撑等费用，国家按照退耕还林基本建设投资的一定比例给予补助，由国务院发展计划部门根据工程情况在年度计划中安排。

退耕还林地方所需检查验收、兑付等费用，由地方财政承担。中央有关部门所需核查等费用，由中央财政承担。

第四十六条　实施退耕还林的乡（镇）、村应当建立退耕还林公示制度，将退耕还林者的退耕还林面积、造林树种、成活率以及资金和粮食补助发放等情况进行公示。

第五章　其他保障措施

第四十七条　国家保护退耕还林者享有退耕土地上的林木（草）所有权。自行退耕还林的，土地承包经营权人享有退耕土地上的林木（草）所有权；委托他人还林或者与他人合作还林的，退耕土地上的林木（草）所有权由合同约定。

退耕土地还林后，由县级以上人民政府依照森林法、草原法的有关规定发放林（草）权属证书，确认所有权和使用权，并依法办理土地变更登记手续。土地承包经营合同应当作相应调整。

第四十八条　退耕土地还林后的承包经营权期限可以延长到70年。承包经营权到期后，土地承包经营权人可以依照有关法律、法规的规定继续承包。

退耕还林土地和荒山荒地造林后的承包经营权可以依法继承、转让。

第四十九条　退耕还林者按照国家有关规定享受税收优惠，其中退耕还林（草）所取得的农业特产收入，依照国家规定免征农业特产税。

退耕还林的县（市）农业税收因灾减收部分，由上级财政以转移支付的方式给予适当补助；确有困难的，经国务院批准，由中央财政以转移支付的方式给予适当补助。

第五十条　资金和粮食补助期满后，在不破坏整体生态功能的前提下，经有关主管部门批准，退耕还林者可以依法对其所有的林木进行采伐。

第五十一条　地方各级人民政府应当加强基本农田和农业基础设施建设，增加投入，改良土壤，改造坡耕地，提高地力和单位粮食产量，解决退耕还林者的长期口粮需求。

第五十二条　地方各级人民政府应当根据实际情况加强沼气、小水电、太阳能、风能等农村能源建设，解决退耕还林者对能源的需求。

第五十三条　地方各级人民政府应当调整农村产业结构，扶持龙头企业，发展支柱产业，开辟就业门路，增加农民收入，加快小城镇建设，促进农业人口逐步向城镇转移。

第五十四条　国家鼓励在退耕还林过程中实行生态移民，并对生态移民农户的生产、生活设施给予适当补助。

第五十五条　退耕还林后，有关地方人民政府应当采取封山禁牧、舍饲圈养等措施，保护退耕还林成果。

第五十六条　退耕还林应当与扶贫开发、农业综合开发和水土保持等政策措施相结合，对不同性质的项目资金应当在专款专用的前提下统筹安排，提高资金使用效益。

第六章　法律责任

第五十七条　国家工作人员在退耕还林活动中违反本条例的规定，有下列行为之一的，依照刑法关于贪污罪、受贿罪、挪用公款罪或者其他罪的规定，依法追究刑事责任；尚不够刑事处罚的，依法给予行政处分：

（一）挤占、截留、挪用退耕还林资金或者克扣补助粮食的；

（二）弄虚作假、虚报冒领补助资金和粮食的；

（三）利用职务上的便利收受他人财物或者其他好处的。

国家工作人员以外的其他人员有前款第（二）项行为的，依照刑法关于诈骗罪或者其他罪的规定，依法追究刑事责任；尚不够刑事处罚的，由县级以上人民政府林业行政主管部门责令退回所冒领的补助资金和粮食，处以冒领资金额2倍以上5倍以下的罚款。

第五十八条　国家机关工作人员在退耕还林活动中违反本条例的规定，有下列行为之一的，由其所在单位或者上一级主管部门责令限期改正，退还分摊的和多收取的费用，对直接负责的主管人员和其他直接责任人员，依照刑法关于滥用职权罪、玩忽职守罪或者其他罪的规定，依法追究刑事责任；尚不够刑事处罚的，依法给予行政处分：

（一）未及时处理有关破坏退耕还林活动的检举、控告的；

（二）向供应补助粮食的企业和退耕还林者分摊粮食调运费用的；

（三）不及时向持有验收合格证明的退耕还林者发放补助粮食和生活补助费的；

（四）在退耕还林合同生效时，对自行采购种苗的退耕还林者未一次付清种苗造林补助费的；

（五）集中采购种苗的，在退耕还林验收合格后，未与退耕还林者结算种苗造林补助费的；

（六）集中采购的种苗不合格的；

（七）集中采购种苗的，向退耕还林者强行收取超出国家规定种苗造林补助费标准的种苗费的；

（八）为退耕还林者指定种苗供应商的；

（九）批准粮食企业向退耕还林者供应不符合国家质量标准的补助粮食或者将补助粮食折算成现金、代金券支付的；

（十）其他不依照本条例规定履行职责的。

第五十九条　采用不正当手段垄断种苗市场，或者哄抬种苗价格的，依照刑法关于非法经营罪、强迫交易罪或者其他罪的规定，依法追究刑事责任；尚不够刑事处罚的，由工商行政管理机关依照反不正当竞争法的规定处理；反不正当竞争法未作规定的，由工商行政管理机关处以非法经营额2倍以上5倍以下的罚款。

第六十条　销售、供应未经检验合格的种苗或者未附具标签、质量检验合格证、检疫合格证的种苗的，依照刑法关于生产、销售伪劣种子罪或者其他罪的规定，依法追究刑事责任；尚不够刑事处罚的，由县级以上人民政府林业、农业行政主管部门或者工商行政管理机关依照种子法的规定处理；种子法未作规定的，由县级以上人民政府林业、农业行政主管部门依据职权处以非法经营额2倍以上5倍以下的罚款。

第六十一条　供应补助粮食的企业向退耕还林者供应不符合国家质量标准的补助粮食的，由县级以上人民政府粮食行政管理部门责令限期改正，可以处非法供应的补助粮食数量乘以标准口粮单价1倍以下的罚款。

　　供应补助粮食的企业将补助粮食折算成现金或者代金券支付的，或者回购补助粮食的，由县级以上人民政府粮食行政管理部门责令限期改正，可以处折算现金额、代金券额或者回购粮食价款 1 倍以下的罚款。

　　第六十二条　退耕还林者擅自复耕，或者林粮间作、在退耕还林项目实施范围内从事滥采、乱挖等破坏地表植被的活动的，依照刑法关于非法占用农用地罪、滥伐林木罪或者其他罪的规定，依法追究刑事责任；尚不够刑事处罚的，由县级以上人民政府林业、农业、水利行政主管部门依照森林法、草原法、水土保持法的规定处罚。

第七章　附　则

　　第六十三条　已垦草场退耕还草和天然草场恢复与建设的具体实施，依照草原法和国务院有关规定执行。

　　退耕还林还草地区小流域治理、水土保持等相关工作的具体实施，依照水土保持法和国务院有关规定执行。

　　第六十四条　国务院批准的规划范围外的土地，地方各级人民政府决定实施退耕还林的，不享受本条例规定的中央政策补助。

　　第六十五条　本条例自 2003 年 1 月 20 日起施行。

附录 F　国家林业局关于造林质量事故行政责任追究制度的规定

实行造林质量事故行政责任追究制度，是加强造林质量，巩固造林成果，确保造林成效的重要措施，对于防范造林质量事故，加速森林资源培育，具有十分重要的意义。为此，国家林业局组织制定并颁发了《国家林业局关于造林质量事故行政责任追究制度的规定》。全文如下：

第一条　为加强造林管理，提高造林质量和效益，依据《中华人民共和国森林法》、《中华人民共和国森林法实施条例》制定本规定。

第二条　本规定所称造林是指连片 0.67 公顷以上（含 0.67 公顷）的宜林荒山、荒地、荒沙、荒滩（简称"四荒"，下同）人工造林，采伐、火烧迹地更新（简称"迹地更新"，下同）造林，低效林改造和补植、补造；乔木林带和灌木林带两行以上（包括两行）、林带宽度超过 4 米（灌木 3 米）、连续面积 0.67 公顷以上（含 0.67 公顷）的造林。

第三条　各种造林，包括国家、集体、合作，国有企业等的造林，必须执行本规定。对外商、民营企业和个体私营经营等的造林管理可参照执行。法律、法规另有规定的除外。

第四条　实行领导干部保护、发展森林资源任期目标责任制。地方各级人民政府根据本行政区经济社会和生态环境发展需要制定植树造林长远规划和年度造林计划，组织各行各业和城乡居民完成植树造林规划和年度造林计划确定的任务；县级人民政府对本行政区内当年造林的情况应组织检查验收。

地方各级人民政府应当组织有关部门建立护林组织，负责护林工作；根据实际需要在大面积林区增加护林设施，加强森林保护；督促有林的和林区的基层单位，划定护林责任区，配备专职或兼职护林员，建立护林公约，组织群众护林。

第五条　国家对造林绿化实行部门和单位负责制。属于国家所有的宜林"四荒"，由林业主管部门和其他主管部门组织造林；属于集体所有的宜林"四荒"，由集体经济组织组织造林；属于个人以租赁、拍卖等形式获得使用权的宜林"四荒"，由个人负责造林。

铁路公路两旁、江河两岸、湖泊水库周围，各有关主管单位是造林绿化的责任单位。工矿区，机关、学校用地，部队营区以及农场、牧场、渔场经营地区，各该单位是造林绿化的责任单位。

责任单位的造林绿化任务，由所在地的县（市、区、旗）级（简称"县级"，下同）人民政府下达责任通知书，予以确认。

第六条　地方各级林业主管部门根据同级人民政府制订的植树造林长远规划组织编制造林总体设计、作业设计和年度造林计划，确定各造林责任部门和单位的造林绿化责任，报同级人民政府下达责任通知书。

第七条　实行采伐迹地更新与林木采伐许可证发放挂钩制度。对没有按规定完成迹地更新造林任务的林木采伐单位或个人，暂停核发林木采伐许可证，直至完成迹地更新造林任务为止。

第八条　造林坚持统一规划、分级管理和适地适树适种源、良种壮苗、科学栽植的原则。

造林种苗要达到或超过国家和省级标准规定的质量指标，提高林木良种使用率。采用先进的栽培技术，推广先进、适用科技成果，提高造林质量。大力发展优良乡土树种，营造针阔混交林。采用穴状、鱼鳞坑、带状等整地方式，保留原生植被带，维护林地生物多样性，防止水土流失。

第九条　各种造林（零星种植除外）必须编制造林作业设计，报县级以上林业主管部门审核同意后，严格按造林作业设计组织施工。

　　造林作业设计由有资质的设计单位，依据批准的项目造林规划或林业主管部门下达的年度造林计划，以造林小班为作业设计单位编制。造林作业设计成果包括作业设计说明书和作业设计图。

　　第十条　造林当年以各级人民政府及其林业主管部门下达造林计划和造林作业设计作为检查验收依据。县级人民政府组织全面自查，省、地（市）两级林业主管部门联合检查，国家林业局抽查。检查（含自查、抽查，下同）必须严格按照造林检查验收的有关规定执行。检查单位和检查人员必须对造林检查验收结果全面负责，对造林质量进行综合评价，并将每次检查的数据记录于相应的造林档案。

　　（一）造林成效检查验收内容：面积核实率、合格率、成活率、作业设计率、建档率、检查验收率；

　　（二）抚育管护检查内容：抚育率、管护率、造林保存率以及抚育措施、数量、质量、幼林生长情况。

　　国家林业局根据各地统计上报的上一年度的人工造林、更新造林面积，组织开展全国人工造林、更新造林实绩核查，核查内容、方法、标准等按有关规定执行。

　　第十一条　县级以上林业主管部门要加强本行政区域内各种造林项目管理，建立造林档案，并逐步完善国家、省、地、县四级造林管理信息系统。外商、民营企业、个体私营等投资的造林项目也要建立档案，报当地林业主管部门备案。

　　第十二条　除不可抗拒的自然灾害原因外，有下列情形之一的，视为发生造林质量事故。

　　（一）连续两年未完成更新造林任务的；

　　（二）当年更新造林面积未达到应更新造林面积50%；

　　（三）除国家特别规定的干旱、半干旱地区以及沙荒风口、严重水土流失区外，更新造林经第二年补植成活率仍未达到85%的；

　　（四）植树造林责任单位未按照所在地县级人民政府的要求按时完成造林任务的；

　　（五）宜林"四荒"当年造林成活率低于40%的；年均降水量

在 400 毫米以上地区及灌溉造林，当年成活率 41% ~ 84%，第二年补植仍未达到 85% 的；年均降水量在 400 毫米以下地区，当年成活率 41% ~ 69%，第二年补植仍未达到 70% 的。

第十三条　造林质量事故标准分为三级：一般质量事故、重大质量事故和特大质量事故。

（一）一般质量事故：国家重点林业工程连片造林质量事故面积 33.3 公顷以下；其他连片造林质量事故面积 66.7 公顷以下；

（二）重大质量事故：国家重点林业工程连片造林质量事故面积 33.4 ~ 66.7 公顷；其他连片造林质量事故面积 66.8 ~ 333.3 公顷；

（三）特大质量事故：国家重点林业工程连片造林质量事故面积 66.8 公顷以上；其他连片造林质量事故面积 333.4 公顷以上。

第十四条　由于下列原因之一造成第十三条规定情形之一的，应依法分别追究相应立项审批单位、规划设计单位、组织实施单位、检查验收单位的相应责任；对项目法人单位和项目法人代表、直接负责的主管人员和其他直接责任人员，依法给予行政处分。

（一）未按国家规定的审批程序报批或对不符合法律、法规和规章规定的造林项目予以批准的；

（二）未经原审批单位批准随意改变项目计划内容的；

（三）不按科学进行造林设计或不按科学设计组织施工的；

（四）使用假、冒、伪、劣种子或劣质苗木造林的；

（五）对本行政区内当年造林未依法组织检查验收或检查验收工作中弄虚作假的；

（六）未建立管护经营责任制或经营责任制不落实造成造林地毁坏严重的；

（七）虚报造林作业数量和质量的；

（八）其他人为原因造成造林质量事故的。

第十五条　地方各级人民政府及其林业主管部门依照本规定应当履行职责而未履行，或者未按照规定的职责和程序履行而造成本地区发生重大、特大造林质量事故的，国家林业局将建议和督促对事故负责的本级人民政府及其林业主管部门主要领导人和直接责任人，根据情节轻重，分别给予警告、记过、记大过、降级、撤职、开除的行政处分；构成玩忽职守罪的，依法追究刑事责任。

第十六条 地方各级人民政府及其林业主管部门对重大、特大造林质量事故的预防、发生直接负责的主管人员和其他直接责任人员，比照本规定给予行政处分；构成玩忽职守罪或者其他罪的，依法追究刑事责任。

第十七条 造林质量事故由省级林业主管部门按照国家有关规定组织调查组进行调查。事故调查工作应当自事故发现之日起30日内完成，并由调查组提出调查报告；遇有特殊情况的，经调查组提出并报国家林业局批准后，可以适当延长时间。调查报告应当包括依照本规定对有关责任人员追究行政责任或者其他法律责任的意见。

按照行政隶属关系，由有关行政主管部门作出相应的处理决定。对有关责任人员应当自省级林业主管部门调查报告提交之日起30日内作出处理决定；必要时，国家林业局可以对造林质量事故的有关责任人员，直接提出处理建议。

第十八条 任何单位和个人有权向当地或上级林业主管部门报告或举报造林质量事故情况。接到报告或者举报的有关林业主管部门，按照分级负责的原则，应当立即组织对造林质量事故进行调查处理，并将调查处理结果报同级人民政府和上一级林业主管部门。

第十九条 造林质量事故发生后，有关县级、地级和省级林业主管部门应当按照国家规定的程序和时限立即上报，不得隐瞒不报、谎报或者拖延报告，并应当配合、协助事故调查，不得以任何方式阻碍、干涉事故调查。违反规定的，国家林业局将建议地方人民政府对所属林业主管部门主要领导人给予降级或撤职的行政处分。

第二十条 省级林业主管部门应当根据本规定制定具体实施办法，报国家林业局备案。

第二十一条 本规定由国家林业局负责解释。

第二十二条 本规定自发布之日起施行。

附录 G　贵州省森林资源现状

（贵州省林业厅　2006 年）

一、总体概况

贵州省国土总面积 17 616 770 公顷，其中林地面积 8 771 550 公顷，占国土总面积的 49.79%。

全省森林面积为 7 033 936 公顷，森林覆盖率 39.93%，其中：有林地覆盖率为 31.82%，"国特灌"覆盖率为 8.11%。

全省 8 771 550 公顷林地中：有林地面积 5 606 000 公顷，占 63.91%；疏林地 160 923 公顷，占 1.83%；灌木林地 1 670 602 公顷，占 19.05%；未成林造林地 519 152 公顷，占 5.92%；无立木林地 145 016 公顷，占 1.65%；苗圃地 2 608 公顷，占 0.03%；宜林地 666 000 公顷，占 7.6%；辅助生产用地 1 248 公顷，占 0.01%。

全省活立木总蓄积 310 010 350 立方米，其中：乔木林蓄积 302 549 020 立方米，占 97.59%；疏林蓄积 985 693 立方米，占 0.32%；散生木蓄积 626 895 立方米，占 0.20%；四旁树蓄积 5 848 744 立方米，占 1.89%。

二、有林地资源

全省 5 606 000 公顷有林地中，乔木林 5 494 321 公顷，占 98.01%；竹林 111 679 公顷，占 1.99%。

（一）乔木林资源

全省乔木林中，纯林面积 4 336 366 公顷、蓄积 247 251 819 立方米，混交林面积 1 157 955 公顷、蓄积 55 297 201 立方米。

乔木林按龄组划分：幼龄林 2 832 166.5 公顷、蓄积 93 553 124 立方米，分别占 51.55%、30.92%；中龄林 1 917 256.7 公顷、蓄积 139 713 644 立方米，分别占 34.90%、46.18%；近熟林 496 012.4 公

顷、蓄积 48 065 598 立方米，分别占 9.03%、15.89%；成熟林 215 778.6 公顷、蓄积 17 117 855 立方米，分别占 3.93%、5.66%；过熟林 32 783.9 公顷、蓄积 4 098 800.2 立方米，分别占 0.60%、1.35%。

全省乔木林中，马尾松 1 480 842.3 公顷、蓄积 109 223 134 立方米，分别占 26.95%、36.1%；杉木 1 065 212.2 公顷、蓄积 84 153 629 立方米，分别占 19.39%、27.81%；阔叶类树种（包括栎类、桦类、杨树、阔叶混、其他软阔类、其他硬阔类、乔木经济林树种等）2 343 299 公顷、蓄积 87 650 050 立方米，分别占 42.65%、28.97%；其他树种 604 968.6 公顷、蓄积 21 522 209 立方米，分别占 11.1%、7.11%。

全省乔木林单位面积蓄积量为 57.54 立方米/公顷，其中：乔木纯林为 60.29 立方米/公顷，乔木混交林为 48.06 立方米/公顷。

乔木林中低郁闭度等级的占 19.96%，中郁闭度等级的占 54.80%，高郁闭度等级的占 25.24%。平均郁闭度为 0.58，郁闭度以"中"为主。

（二）竹林资源

全省 111 679 公顷竹林中，毛竹 45 146.3 公顷，杂竹 57 490.6 公顷，小杂竹 9 042.1 公顷，其中杂竹面积比例最大，占 51.48%。

三、经济林资源

全省 352 619.1 公顷经济林中，柑橘、板栗等果品树 105 224.1 公顷，占 29.84%；油桐、漆树等工业原料树 125 348.4 公顷，占 35.55%；花椒等食用原料树 51 329.1 公顷，占 14.56%；茶叶等饮料树 37 429.5 公顷，占 10.61%；调香料树、药用树、其他经济树等 33 288.1 公顷，占 9.44%。

四、未成林造林地资源

未成林造林地分为人工造林未成林地、封育未成林地。

全省 519 152 公顷未成林造林地中，人工造林未成林地面积 454 001 公顷，占 87.45%；封育未成林地面积 65 151 公顷，占 12.55%。

五、森林类别划分

全省 8 771 550 公顷林地中：生态公益林（地）5 329 157.8 公

顷，占 60.76%；商品林（地）3 442 392.2 公顷，占 39.24%。

生态公益林中：重点公益林（地）3 080 700.8 公顷，占 57.81%；一般公益林（地）2 248 457 公顷，占 42.19%。

六、林种划分

全省 7 437 526 公顷有林地、疏林地、灌木林地中，共区划防护林 4 011 637 公顷，占 53.94%；特用林 423 862.8 公顷，占 5.70%；用材林 2 325 672.4 公顷，占 31.27%；经济林 352 619.1 公顷，占 4.74%；薪炭林 323 735.4 公顷，占 4.35%。

附录 H　贵州省"十二五"控制温室气体排放实施方案

（贵州省政府　2013 年 5 月）

为贯彻落实《国务院关于印发"十二五"控制温室气体排放工作方案的通知》（国发〔2011〕41 号）精神，确保完成国家下达我省的"十二五"单位地区生产总值二氧化碳排放和能源消耗下降指标，省人民政府近日印发《贵州省"十二五"控制温室气体排放实施方案》，要求各市、自治州人民政府，贵安新区管委会，各县（市、区、特区）人民政府，省政府各部门、各直属机构认真贯彻执行。

总体要求和主要目标

方案提出，我省"十二五"控制温室气体排放总体要求是：

认真贯彻落实党的十八大和省第十一次党代会精神，牢固树立绿色、循环、低碳发展理念，坚持"加速发展、加快转型、推动跨越"的主基调，深入实施工业强省和城镇化带动主战略，把积极应对气候变化作为经济社会发展的重大战略和加快转变经济发展方式、调整经济结构以及推进产业升级的重大机遇，坚持经济发展与低碳发展相促进的原则，走新型工业化道路，合理控制能源消费总量，综合运用优化产业结构和能源结构、节约能源和提高能效、增加碳汇等多种手段，开展低碳试验试点，进一步完善体制机制和政策体系，健全激励和约束机制，更多地发挥市场机制作用，加强低碳技术研发和推广应用，加快建立以低碳为特征的工业、能源、建筑、交通等产业体系和消费模式，有效控制温室气体排放，提高应对气候变化能力，促进贵州经济社会又好又快、更好更快发展。

主要目标是：大幅度降低二氧化碳排放强度，到 2015 年全省单位地区生产总值二氧化碳排放比 2010 年下降 16%，单位地区生产总值能耗比 2010 年下降 15%，天然气、水电、风能、太阳能等清洁能源占能源消费比重提高到 15%。控制非能源活动二氧化碳排放和甲烷、氧化亚氮等温室气体排放取得成效。应对气候变化政策体系、体制机制进一步完善，温室气体排放统计核算体系基本建立。通过低碳试验试点，形成一批各具特色的低碳城市，建成一批具有典型示范意义的低碳园区和低碳社区，推广一批具有良好减排效果的低碳技术和产品，控制温室气体排放能力得到全面提升。

控制措施

方案提出以下控制措施：

（一）积极调整优化产业结构。加速推进贵州特色的新型工业化进程，加强节能技术改造和高耗能产业源头控制，严格控制高耗能、高排放行业项目建设，提高行业准入门槛，建立健全项目审批、核准、备案责任制。加快淘汰落后产能，制定并落实重点行业"十二五"淘汰落后产能实施方案，严格落实《产业结构调整指导目录》，突出结构减排，降低碳排放强度，加快运用高新技术和先进实用技术改造提升传统产业，促进信息化和工业化深度融合。引导和促进煤炭、化工、冶金、有色、电力、建材等一批传统产业高端化、高新化、信息化，推进联合化和一体化产业发展。大力培育发展战略性新兴产业和现代服务业，重点发展温室气体排放量低、高效的节能环保、新材料、电子及新一代信息技术、高端装备制造、生物技术、新能源及新能源汽车等新兴产业和高技术产业，大力发展旅游业和文化产业。到 2015 年淘汰落后产能 2 500 万吨以上，淘汰单机 20 万千瓦及以下火电机组 100 万千瓦以上，服务业增加值和战略性新兴产业增加值占国内生产总值比例提高到 45% 和 8% 左右。

（二）大力推进节能降耗。积极推动钢铁、有色、电力、化工、建材、煤炭等重点耗能行业的企业实施节能改造工程，完善节能法规和标准，强化节能目标责任考核，严格固定资产投资项目节能评估和审查制度。加强重点用能单位节能管理，突出抓好建筑、交通运输、公共机构等重点领域节能，加快节能技术开发和推广应用，健全节能市场化机制，大力推动节能产品认证和能效标识管理制度，落实和完善节能产品政府强制采购制度。加快节能服务业发展，加强节能能力建设。实施一批年节能 5 000 吨标准煤以上的重点节能项目，形成 500 万吨标准煤的节能能力。

（三）积极发展低碳能源。调整和优化能源结构，大力发展可再生能源，加大风电、太阳能、地热能和生物质能等非化石能源的开发利用力度。在做好生态保护和移民安置的基础上深度发展水电，加快开发水电能源，建成沙沱、马马崖等大型水电站，积极推动中小型水电站建设，加快小型水电站升级改造，积极实施小水电代燃料工程，建设乌江等抽水蓄能工程建设，强化水电清洁能源在低碳能源产业发展中的重要地位。因地制宜发展风电，推进威宁、赫章、盘县、台江、黄平、龙里、普安、贞丰、遵义、正安等重点地区风能开发利用，加快贵州韭菜坪风电一期，大唐四格风电场建设。积极推广太阳能光热利用，发展太阳能光伏发电，扩大利用规模。逐步推广以秸秆、薪材、畜禽粪便等生物质资源的气化、固化技术，支持在农村、边远地区和条件适宜地区开发利用生物质能，提高利用规模和水平。在地热资源富集地区发展地热供暖等技术，努力扩大地热供暖规模。在保障安全的前提下发展核电，加快推进核电项目前期工作，实现电力结构优化。到 2015 年，非化石能源占一次能源消费总量比重达到 11.4% 以上。

推进煤炭清洁利用，大力发展先进燃煤发电技术和多联产技术应用，加快煤电化和煤汽化、液化项目建设，提高煤炭资源的综合利用效率。在六盘水、毕节等高瓦斯矿区，实施一批煤矿瓦斯利用项目，建设煤层气地面开发及利用示范基地，加快盘江矿区、青龙煤矿、中岭煤矿等瓦斯商品化利用示范项目建设。加快推进天然气利用工作，完善配套管网设施，扩大天然气开发利用规模。

（四）努力增加碳汇。在我省生态功能不断提升、"两江"上游生态屏障初步形成的基础上，继续实施退耕还林（草）、天然林资源保护、长江和珠江防护林体系建设、石漠化综合治理、自然保护区建设等重点工程，积极开展碳汇造林项目活动，有效地提高森林生态系统的碳汇能力。深入开展城市（镇）、园区绿化，抓好铁路、公路等通道绿化。加强森林抚育经营和可持续管理，强化现有森林资源保护，改造低产低效林，提高森林质量和生态功能。建立健全生态补偿、赔付和监督机制，确保生态保护区群众生活质量。积极增加农田、草地、湿地等生态系统碳汇功能。到 2015 年，新增森林面积 89.3 万公顷以上，森林覆盖率提高到 45%，森林蓄积量增加到 3.8 亿立方米以上。

（五）控制非能源活动温室气体排放。控制工业生产过程中温室气体排放，推广利用电石渣、造纸污泥、脱硫石膏、粉煤灰矿渣等固体工业废渣生产水泥，加快发展新型低碳水泥，鼓励使用散装水泥、预拌混凝土和预拌沙浆；鼓励采用废钢电炉炼钢一热轧短流程生产工艺；推广有色金属冶炼短流程生产工艺技术；减少石灰土窑数量；通过改进生产工艺，减少电石、硝酸等行业工业生产过程温室气体排放。通过改良作物品种，改进种植技术，努力控制农业领域温室气体排放。稳步推广农村户用沼气，改进粪便收集和贮存方式，加强城市废弃物处理和综合利用，控制甲烷等温室气体排放增长。

（六）加强高排放产品节约与替代。加强需求引导，强化工程技术标准，通过广泛应用高强度、高韧性建筑用钢材和高性能混凝土，提高建设工程质量，延长使用寿命。实施水泥、钢铁、石灰、电石等高耗能、高排放产品替代工程。鼓励开发和使用高性能、低成本、低消耗的新型材料替代传统钢材。加快淘汰老旧汽车，推广使用低排放的新能源汽车和高效能家电。鼓励使用缓释肥、有机肥等替代传统化肥，减少化肥使用量和温室气体排放量。选择具有重要推广价值的替代产品或工艺，进行推广示范。

开展低碳发展试验试点

方案提出要开展低碳发展试验试点。

（一）扎实推进低碳城市试点。以国家级低碳试点城市贵阳市为基础，积极探索低碳城市发展的经验。综合考虑各区域资源分布、产业基础和主体功能区类型，逐步扩大试点范围，适时推出遵义等一批试点地区，编制和实施低碳发展规划，引导不同类型的城市积极探索具有本地区特色的低碳发展模式，率先形成有利于低碳发展的政策体系和体制机制，加快建立以低碳为特征的工业、建筑、交通体系，践行低碳消费理念，成为低碳发展的先导示范区。

（二）开展低碳产业试验园区试点。依托现有高技术产业基地、新型工业化基地、装备制造业生态工业园等一批特色产业园区，建设以低碳、清洁、循环为特征，以低碳能源、物流、建筑为支撑的低碳园区。采用合理用能技术、能源资源梯级利用技术、可再生能源技术和资源综合利用技术，优化产业链和生产组织模式。加快改造传统产业，集聚低碳型战略性新兴产业，培育低碳产业集群，着力提高集聚能力，形成产业集群低碳化发展的新格局。

（三）开展低碳社区试点。结合全省保障性住房建设和城市房地产开发，按照绿色、便捷、节能、低碳的要求，开展低碳社区建设。在社区规划设计、建材选择、供暖供冷供电供热水系统、照明、交通、建筑施工等方面，实现绿色低碳化。大力发展节能低碳建材，推广绿色低碳建筑，加快建筑节能低碳整装配套技术、低碳建造和施工关键技术及节能低碳建材成套应用技术研发应用，鼓励建立节能低碳、可再生能源利用最大化的社区能源与交通保障系统，积极利用地热地温、工业余热，探索土地节约利用、水资源和本地资源综合利用的方式，推进雨水收集和综合利用。开展低碳家庭创建活动，制定节电节水、垃圾分类等低碳行为规范，引导社区居民普遍接受绿色低碳的生活方式和消费模式。在贵阳、遵义、六盘水等大中型城市条件相对具备的社区开展城乡低碳试点；针对校园实际，选择贵州大学、贵州民族大学、贵州财经大学、贵州师范大学等学校作为示范校园。

（四）开展低碳商业、低碳产品试点。积极推动低碳型旅游、会展、社区服务、金融信息和现代物流等商业及服务业的试点工作，针对商场、宾馆、餐饮机构、旅游景区等商业设施，通过改进营销理念和模式，加强节能、可再生能源等新技术和产品应用，加强资源节约和综合利用，加强运营管理，加强对顾客消费行为引导，显著减少试点商业机构二氧化碳排放。研究产品的"碳足迹"计算方法，落实国家低碳产品标准、标识和认证制度，推进低碳产品认证和标识管理，开展相应试点，引导低碳消费。

（五）加大对试验试点工作的支持力度。加强对试验试点工作的统筹协调和指导，建立部门协作机制，研究制定支持试点的财税、金融、投资、价格、产业等方面的配套政策，形成支持试验试点的整体合力。依据国家低碳城市、园区、社区和商业等试点建设规范和评价标准，立足本省实际制定相关地方试点标准，加强对试验试点单位的评价考核和目标任务完成情况的跟踪评估，支持试验试点单位开展经验交流与国际合作。

加快建立温室气体排放统计核算体系

方案提出要加快建立温室气体排放统计核算体系。

（一）建立温室气体排放基础统计制度。尽快建立贵州省温室气体排放统计制度，将温室气体排放基础统计指标纳入政府统计指标体系，建立健全涵盖能源活动、工业生产过程、农业、土地利用变化与林业、废弃物处理等领域，适应温室气体排放核算的统计体系。根据温室气体排放统计需要，扩大能源统计调查范围，细化能源统计分类标准，健全重点单位的温室气体排放和能源消费台账记录。

（二）加强温室气体排放核算。建立温室气体排放数据信息系统，构建省、市（州）和企业温室气体排放核算工作体系。定期编制省级和地方温室气体排放清单。加强对温室气体排放核算工作的指导，研究制定重点行业、企业温室气体排放核算指南，实行重点企业直接报送能源和温室气体排放数据制度。加强温室气体计量工作，做好排放因子测算和数据质量监测，确保数据真实准确，做好年度核算工作。

探索建立碳排放交易市场

方案提出要探索建立碳排放交易市场。

（一）建立自愿减排交易机制。根据国家温室气体自愿减排交易管理办法，探索我省自愿减排交易机制的基本管理框架，开展自愿减排交易活动。

（二）开展碳排放权交易试点和支撑体系建设。根据合理控制能源消费总量的要求，探索建立我省碳排放总量控制制度，开展碳排放权交易试点，制定相应法规和管理办法，提出温室气体排放权分配方案，逐步形成碳排放权交易体系和相关制度。

大力推动全社会低碳行动

方案提出要推动全社会低碳行动。

（一）发挥公共机构示范作用。各级机关、事业单位、团体组织等公共机构要率先垂范，加强用能管理，加快设施低碳化改造，推进低碳理念进机关、校园、场馆和军营。逐步建立低碳产品政府采购制度，将低碳认证产品列入政府采购清单，完善强制采购和优先采购制度，逐步提高低碳产品比重。

（二）推动行业开展减碳行动。钢铁、建材、电力、煤炭、化工、有色、交通、建筑等重点行业要制定控制温室气体排放行动方案，按照先进企业的排放标准对重点企业要提出温室气体排放控制要求，研究确定重点行业单位产品（服务量）温室气体排放标准。推动重点企业试行"碳披露"和"碳盘查"制度，促进优化节能减碳管理。以进入"全国万家企业节能低碳行动名单"的工业企业为重点，推动企业节能减碳工作，确保名单内工业企业完成"十二五"期间节能 3 896 万吨标准煤的目标。以进入该名单的 9 家交通运输企业、1 家宾馆饭店企业和 4 家高等学校为节能减碳示范单位，积极开展低碳节能改造，确保名单内非工业企业和学校完成"十二五"期间节能 1.4 万吨标准煤的目标。

（三）加强宣传，提高公众参与意识。采用多种形式和途径，全方位、多层次加强宣传引导，大力倡导绿色低碳、健康文明的生活方式和消费模式，宣传低碳生活典型，弘扬以低碳为荣的社会新风尚，树立绿色低碳的价值观、生活观和消费观，使低碳理念广泛深入人心，成为全社会的共识和自觉行动，营造政府引导、企业参加和公众自愿行动的社会氛围，提高全社会应对气候变化的意识和能力。

积极开展国际合作

方案提出要积极开展国际合作。

继续推动清洁发展机制项目实施和对外合作，积极引进国际资金和先进技术及理念，学习借鉴国际成功经验。充分利用清洁发展机制，建立清洁项目信息库，强化项目管理，提高项目实施效益，推动清洁发展机制项目实施，增强应对气候变化的能力。

强化科技与人才支撑

方案提出要强化科技与人才支撑。

（一）强化科技支撑。围绕贵州经济发展的重点领域和关键环节，加强控制温室气体排放基础研究。积极推进关键低碳技术的引进与转化。扩大低碳技术的示范和推广，在重点行业和重点领域实施低碳技术创新及产业化示范工程，重点发展经济适用的低碳建材、低碳交通、绿色照明、煤炭清洁高效利用等低碳技术。加强国内国际合作与技术转让，鼓励企业采用有利于节能降耗的设备和技术，加快淘汰高耗能、高耗水、高耗材的工艺、设备和产品，加快电力、煤炭、化工、冶金等重点行业低碳技术的引进和消化；编制低碳技术推广目录，实施低碳技术产业化示范项目。完善低碳技术成果转化机制，依托科研院所、高校和企业，建立低碳技术孵化器和中介服务机构，为有效减排温室气体、增强应对气候变化能力提供科技支撑。

（二）加强人才队伍建设。积极开展应对气候变化科学普及，加强应对气候变化基础研究和科技研发队伍、战略与政策研究专家队伍、项目专业队伍和低碳发展市场服务人才队伍建设。加强应对气候变化教育培训，将其纳入国民教育和培训体系，完善相关学科体系，培养多层次的低碳技术研发、应用与服务人才。

保障工作落实

方案提出了以下保障措施：

（一）加强组织领导和评价考核。各级人民政府和相关部门要对本地区、本部门控制温室气体排放工作负总责；把应对气候变化作为重大战略和碳排放强度下降作为约束性指标纳入本地区经济社会发展规划和年度计划；加强组织领导，明确任务，落实责任，完善工作机制；研究制定《贵州省"十二五"单位地区生产总值二氧化碳排放下降目标考核办法》，将碳排放强度下降指标完成情况作为经济社会发展综合评价和干部政绩考核的指标，加强评估考核，对控制温室气体排放工作实行问责和奖惩，对作出突出贡献的单位和个人按有关规定给予表彰奖励，确保完成本地区目标任务。

（二）完善部门沟通协调机制。加强各级应对气候变化工作机构建设，推动全省应对气候变化工作有序开展。进一步完善部门间的沟通协调机制，加强财税、金融、价格、产业等相关政策的协调配合，深化相关领域改革，协同推进应对气候变化与优化产业结构和能源结构、节能提高能效、生态保护建设等工作。

（三）落实资金保障。围绕实现"十二五"控制温室气体排放目标，切实加大资金投入，财政每年安排一定资金，专项用于应对气候变化和低碳发展重点示范工程、低碳产品和低碳新技术推广、应对气候变化基础能力建设及碳减排监管体系建设。积极争取清洁发展机制基金资金，拓宽多元化投融资渠道，引导社会资金、外资投入低碳技术研发、低碳产业发展和控制温室气体排放重点工程。调整和优化信贷结构，促进低碳产业发展的金融支持和配套服务。在利用国际金融组织和外国政府优惠贷款安排中，加大对控制温室气体排放项目的支持力度。

（四）逐步建立和完善相关法规和配套政策。制定适合贵州发展和应对气候变化相关的法规、规章和配套政策，使控制温室气体排放纳入规范化、法制化轨道，为我省应对气候变化工作提供制度保障。

附录I "生物参数作为土壤质量评价的指标" 中英联合研讨会

（林启美 中国农业大学资源与环境学院）

"生物参数作为土壤质量评价的指标"中英联合研讨会于 2007 年 10 月 7～11 日在北京召开，会议由中国农业大学资源与环境学院林启美教授和英国洛桑试验站的 P. C. Brookes 教授联合主持。参加会议的中外学者 50 多人，分别来自中国农业大学资源与环境学院，中国科学院亚热带农业生态研究所、应用生态研究所、南京土壤研究所、生态环境研究中心和大气物理研究所，中国农业科学院农业资源与农业区划研究所和茶叶研究所，西北农林科技大学，湖南农业大学，英国洛桑试验站、Lancaster 大学、Bristol 大学、Newcastle 大学和 Macaulay 研究所，意大利农业研究局植物营养研究所和 Udine 大学，日本 Chiba 大学。中国农业大学傅泽田副校长致开幕词，科技处及国际合作与交流处有关领导列席了会议。

会议特邀报告 3 个，一般性报告 22 个，圆桌会议 3 次，就土壤质量概念、中国及欧洲的土壤质量问题、土壤生物前沿研究领域及发展方向与趋势、分子生物学技术在土壤生物学研究中的应用及存在的问题、土壤生物参数在评价土壤质量上的应用及问题、中国与英国及多边国际合作等展开了研讨。认为土壤质量概念还需要进一步明确其内涵，要强调"功能多样性"与土壤质量之间的联系，特别要加强引进和应用新技术、新方法、多学科交叉，尤其是现代分子生物学技术与方法，以研究和了解土壤质量的本质。中国与欧洲土壤质量存在不少相同的问题，应加强合作研究，并提出通过建立中欧土壤质量网站，加强有关土壤质量研究的合作与交流。研讨会得到了中国国家自然科学基金委员会、中国教育部和英国生物技术与生命科学局的资助，由中国农业大学、中国科学院亚热带农业生态研究所、中国农业科学院农业资源与农业区划研究所联合承办。